本书列入"十二五"国家重点图书出版规划

当代科学文化前沿丛书

SCEGLIERE IL MONDO CHE VOGLIAMO
CITTADINI, POLITICA, TECNOSCIENZA

科学，
谁说了算

〔意〕马西米安诺·布奇（Massimiano Bucchi）◎著
诸葛蔚东　李　锐◎译

北京大学出版社
PEKING UNIVERSITY PRESS

著作权合同登记号　图字：01-2012-1153
图书在版编目(CIP)数据

科学，谁说了算/(意)布奇(Bucchi, M.)著；诸葛蔚东，李锐译.—北京：北京大学出版社，2016.3
（当代科学文化前沿丛书）
ISBN 978-7-301-26745-5

Ⅰ.①科…　Ⅱ.①布…②诸…③李…　Ⅲ.①科学社会学–研究　Ⅳ.①G301

中国版本图书馆 CIP 数据核字（2016）第 001230 号

ⓒ 2006 Società editrice il Mulino，Bologna

书　　名	科学，谁说了算 KEXUE, SHUI SHUO LE SUAN
著作责任者	〔意〕马西米安诺·布奇 著　诸葛蔚东　李　锐 译
责任编辑	泮颖雯
标准书号	ISBN 978-7-301-26745-5
出版发行	北京大学出版社
地　　址	北京市海淀区成府路 205 号　100871
网　　址	http://www.pup.cn　新浪微博：@北京大学出版社
电子信箱	zyl@pup.pku.edu.cn
电　　话	邮购部 62752015　发行部 62750672　编辑部 62753374
印 刷 者	三河市博文印刷有限公司
经 销 者	新华书店
	787 毫米×1092 毫米　16 开本　14.25 印张　205 千字 2016 年 3 月第 1 版　2016 年 3 月第 1 次印刷
定　　价	39.00 元

未经许可，不得以任何方式复制或抄袭本书之部分或全部内容。
版权所有，侵权必究
举报电话：010-62752024　电子信箱：fd@pup.pku.edu.cn
图书如有印装质量问题，请与出版部联系，电话：010-62756370

致　　谢

我要感谢巴巴拉·艾伦（Barbara Allen）、彼罗·巴塞蒂（Piero Bassetti）、爱丽西亚·格拉齐亚诺（Alessia Graziano）、布鲁诺·拉图尔（Bruno Latour）、费代里科·纳里希尼（Federico Neresini）、朱塞佩·特斯塔（Giuseppe Testa）以及布莱恩·维尼（Bryan Wynne），在本书的写作过程中与他们进行了讨论并得到了鼓励。玛珂·卡沃利（Marco Cavalli）和雷纳托·马佐里尼（Renato Mazzolini）审阅了初稿并做了点评；马克·布伦纳佐（Marco Brunazzo）和马里奥·迪亚尼（Mario Diani）就第三章提出了重要的文献方面的建议；艾德里安·贝尔顿（Adrian Belton）和爱丽西亚·贝尔塔格诺里（Alessia Bertagnolli）负责全书的翻译和编辑工作；书中呈现的部分论点有幸在欧洲大学学院（European University Institute）、埃克塞特大学基因组学与社会研究中心（The Center for Genomics and Society dell'Università di Exeter）以及伦敦政治经济学院（the London School of Economics）等机构举办的研讨会上得到研讨。感谢所有对本书提出过修改建议的人士，尤其是多娜泰拉·黛拉·波塔（Donatella Della Porta）、马丁·鲍尔（Martin Bauer）和马西莫·玛佐提（Massimo Mazzotti）。

译 者 序

熟悉科学史的读者一定对弗朗西斯·培根的《新大西岛》并不陌生，这位文艺复兴时期的思想巨匠在书中创造了一个"所罗门之宫"，其职能类似于议会，是新大西岛权力的源泉。"所罗门之宫"中的议员则全部由科学家构成，培根就此将新大西岛的权力全部交给了"学院"和"科学"，他所勾勒的科学乌托邦算得上是近代"技术统治"思潮的雏形。

实际上，技术统治（technocracy）一词是 1919 年美国工程师 W. 史密斯（W. Smith）的发明，technocracy 一词在国内学术文献中也被翻译成为"技治主义""专家治国"等术语。1929 年，美国正经历着空前的"大萧条"。为了应对危机，各种社会思想和管理理念不断涌现，技术统治作为危机处理的一种思想便诞生于这样的社会背景之下。当时，美国社会发端了技术统治主义运动，技术统治逐步发展成为一股有影响力的社会思潮。其思想的奠基人物是美国经济学家凡勃伦。凡勃伦在《工程师与价格体系》中对技术统治思想作了系统性阐述，认为应该将社会的管理权力交给工程师和科学家来支配。哈维·斯科特与凡勃伦的思想一脉相承，热衷于推广技术统治的传布，他认为当前的社会制度终究会被技术统治取代，对技术统治的效率和能力抱有极大的信心。

到了20世纪中期，技术统治再度流行起来，这和"二战"后科学技术的长足发展，公众切身地感受到科学技术给日常生活带来的改变密不可分。科学史家普赖斯将"二战"后的科学定义为"大科学"。在"大科学"时期，公众对科学技术抱有极高的热情，政府和科学共同体主导了科学研究，而科学决策与公众舆论相去甚远。1957年苏联的斯普特尼克（Sputnik）一号发射成功，美国社会一片哗然，美国政府旋即决议与苏联开展"太空竞赛"，一系列太空计划接踵而至。

自20世纪70年代伊始，科学研究出现了新的特征，开始由"学院科学"朝着所谓的"后学院科学"转型，科学和社会的关系悄然发生着变化。挑战者号爆炸事件则是昭示这种变化的典型事件。1986年1月28日，挑战者号升空73秒后，爆炸声几乎摧毁了美国公众对航天飞机的好感。

接着便是切尔诺贝利核泄漏事件、疯牛病蔓延全球……

公众和科学的蜜月似乎走到了终点，他们开始质疑科学研究。基于这样的背景，在英国皇家学会的推动下，公众理解科学运动应运而生。公众理解科学运动最基本的假设在于"公众对科学的认识越多＝公众越支持科学",这样的因果链催生出了一系列基于"缺失模型"(deficit model)而设计的科学传播活动,这些活动旨在重塑公众对科学的信心。

然而,结果并不乐观。在"后学院科学"时期,社会网络上的各个元素——科学、政治、商业、媒体、公众——已不再相互独立,它们时常交错在一起,关系盘根错节,这使得单纯地依靠"自上而下"(top-down)式的科学传播方式受到了挑战。事实上,自20世纪90年代以来,如欧文(Irwin)等学者的实证研究也表明公众对科学的信任度并不仅仅依赖于公众对科学的认识程度。这一切似乎都证明了以往通过诉诸技术统治来改变公众态度的方法已失去了有效性。

公众如何才能重拾对科学的信任?科学与社会之间的裂痕该如何弥补?技术统治的立场在科学传播的过程中是否适用?……这些问题也正是本书作者所试图解答的。

全书共分为四个部分,在第一章,作者直切主题,从不同侧面对技术统治立场的弱点进行了探讨。作者认为,当今科学知识的生产过程已然出现了转变,基于技术统治的"缺失模型"的科学传播活动存在天然缺陷。

紧接着在第二章中,作者探讨了科学知识生产过程的转变,认为在"后学院科学时期",默顿为科学共同体及科学研究总结的"规范"已不再适用,科学和技术转化的关系日趋密切,科学的传统"边界"被打破,科学和技术的中立性形象遭到了蚕食。

第三部分，作者运用翔实的案例为读者展现了一幅公众与科学互动的图景，旨在说明在当前语境下，科学技术已不再是也不可能是社会环境中一座神圣的孤岛，而公众可以介入科学甚至推动了某些科学领域的研究。此部分是全书最为核心和关键的部分，作者运用了概念性的分析框架对各类公众参与科学活动的特性进行了较为系统性的分析和归纳。

在全书的最后一部分，作者将科学决策与民主语境结合起来进行讨论，指出把科学决策交给道德或是技术统治的方案其本质是与民主背道而驰的。呼吁决策者应当正视当前科学和社会的互动关系，而绝不能以专家治国式的委托管理来搪塞公众舆论，只有让公众合理、有效地参与到科学技术的议程中，才能实现知识社会和民主社会的兼容并存。

对于一般读者而言，但凡涉及"思想""主义"的论述都会让人感到艰涩难懂，但《科学，谁说了算》一书言简意赅，论证翔实，逻辑清晰，生动的案例在书中俯拾皆是，这些案例也是作者观点的简明注脚。

本书作者马西米安诺·布奇早年毕业于欧洲大学学院，拥有社会和政治科学博士学位，现执教于意大利特伦托大学。布奇教授致力于科学社会学、科学传播研究，著有《科学与媒体》《社会中的科学》等学术著作，是这一领域颇有建树的学者。此外，马西米安诺·布奇教授还在英国皇家学会、欧盟委员会等学术和政治团体中担任顾问，在欧洲的科学传播学界也享有一定的声誉。

到目前为止，布奇教授的研究专著尚未被翻译成中文，我国读者对布奇教授的学术思想也缺乏系统的了解。希望本书的译介能弥补这方面的不足，为我们理解和认识科学、媒体与社会的关系提供一个不同的视角。

目　　录

引言 ……………………………………………………………… 1

第一章　技术统治的回应：所有的权力属于专家 ………… 5
 1.1　技术统治"传教布道"之翼："缺失"和公众
   理解科学 ……………………………………………… 7
 1.2　技术统治观点的脆弱支撑 ……………………………… 14
 1.3　民主和无知 ……………………………………………… 23
 1.4　威胁政府的面粉 ………………………………………… 40

第二章　爱因斯坦业已离开大厦：听命于后学院科学 …… 51
 2.1　后学院科学？ …………………………………………… 54
 2.2　奇爱博士之后：我要如何学着不去为股票买卖
   惴惴不安，并爱上它 ……………………………… 56
 2.3　谁的知识？ ……………………………………………… 61
 2.4　从物理学到生物学 ……………………………………… 72
 2.5　媒介化的科学 …………………………………………… 75
 2.6　科学无边界 ……………………………………………… 83
 2.7　科学共同体黯然失色？ ………………………………… 87
 2.8　……与此同时，社会并不袖手旁观 …………………… 93

第三章　公民进了实验室，科学家走上了街头 ⋯⋯⋯⋯⋯ 97
 3.1　从两位固执的父母到七千平方米的实验室 ⋯⋯ 99
 3.2　沃本市的儿童白血病："混合型论坛"和知识的
   共同生产 ⋯⋯⋯⋯⋯⋯⋯⋯⋯⋯⋯⋯⋯⋯⋯⋯ 103
 3.3　技术化科学在法庭上的争辩 ⋯⋯⋯⋯⋯⋯⋯⋯ 110
 3.4　从使用者到发明者 ⋯⋯⋯⋯⋯⋯⋯⋯⋯⋯⋯⋯ 114
 3.5　众人同座一席：在技术化科学领域推动公民参与 ⋯ 118
 3.6　科学与公众参与：一种普通的解释框架 ⋯⋯⋯ 126
 3.7　"试管技术的示威游行"：科学家走上街头 ⋯⋯ 133

第四章　超越技术统治：技术化科学时代的民主 ⋯⋯⋯⋯ 145
 4.1　超越技术统治的幻觉 ⋯⋯⋯⋯⋯⋯⋯⋯⋯⋯⋯ 147
 4.2　生物伦理学能拯救我们吗？ ⋯⋯⋯⋯⋯⋯⋯⋯ 149
 4.3　为何公民反对生物技术？ ⋯⋯⋯⋯⋯⋯⋯⋯⋯ 155
 4.4　知识就是权力 ⋯⋯⋯⋯⋯⋯⋯⋯⋯⋯⋯⋯⋯⋯ 160
 4.5　技术化科学中立性的假定 ⋯⋯⋯⋯⋯⋯⋯⋯⋯ 165
 4.6　知晓如何计算的马 ⋯⋯⋯⋯⋯⋯⋯⋯⋯⋯⋯⋯ 171
 4.7　"双重委托"的危机 ⋯⋯⋯⋯⋯⋯⋯⋯⋯⋯⋯ 174
 4.8　"即使真理不存在" ⋯⋯⋯⋯⋯⋯⋯⋯⋯⋯⋯ 176
 4.9　选择我们想要的世界 ⋯⋯⋯⋯⋯⋯⋯⋯⋯⋯⋯ 181

参考文献 ⋯⋯⋯⋯⋯⋯⋯⋯⋯⋯⋯⋯⋯⋯⋯⋯⋯⋯⋯⋯⋯⋯ 194

引　　言

科学与社会：文明的冲突？

核能、转基因食品和干细胞技术：科学步伐走得越快，我们的社会似乎就越抵制它。媒体每天都在报道针对转基因食品的抗议活动、抗议放射性废物处理的示威游行和路障设置、国际组织关于胚胎干细胞研究的提议和日趋激化的争议。

涉及科学研究和技术创新的问题开始频繁地出现在公众、政治辩论的议程中。一种常见的情形是，科学技术专家、决策者、商业说客和公民之间的公开冲突导致决策难以形成。

随着科学技术议题冲突的扩散，一系列问题接踵而至。我们是否在见证科学与社会的急剧冲突？这一切又是如何形成的？我们的政策机构或科研机构是否有能力应对科学研究和技术创新所带来的挑战？公民是否已具备足够的知识去参与相关问题的讨论？将来又会有什么样的情况在等待我们？什么样的反应和策略能帮助决策者处理这些问题？简而言之，我们要如何调和制订针对高度复杂科技问题的迫切决策需求和民主参与权利二者之间的关系？

本书认为，有关科学技术的问题与冲突既不能被片段式地解读，也不能轻易地将其贴上诸如"蒙昧主义""反科学主义"或"科学文盲"的标签。全书提出了两个假设：其一，这类冲突事件是科学的社会角色和科学知识的生产过程发生重大的——甚至可称之为划时代式的——转变所引发的症兆；其二，这些变化又与当代政治、民主本质息息相关。

本书第一章关注了对技术化科学领域内突发的议题和尤为普遍的对冲突的一种回应方式，即所谓"技术统治"回应。本章试图展示技术化科学的决策陷入僵局、在被视为"文明的冲突"的科学与社会之间存在无效对抗的主要原因。

在本书的两个核心章节分析了当代社会理解和应对来自技术化科学的挑战的两个关键要素。第二章具体叙述了知识生产过程的主要转变，这导致了所谓的"后学院"科学的出现。第三章则探究了越来越多的非专家参与到知识生产过程中的现象，而与之相对应的则是规模日益壮大的科学技术专家被群体动员、参与到公共事务领域当中。

基于上述讨论，全书最后一章呼吁应当回避由技术统治和频繁诉诸个体伦理所提供的不切合实际的捷径。本章还描述了充分意识到科学所带来的挑战和冲突具有本质性的影响。这种影响不仅限于科研领域，也涉及民主政治。对专业术语的阐释显得十分必要。我将会经常提及"技术化科学"这一术语，用以表示科学研究和技术创新。然而，这万万不可理解为对两个领域的本质加总。这里也并非是要重新引发有关科学和技术关系的讨论，对二者关系的翔实讨论可见诸其他一些文献。本书采用该术语用以特别指代两个现象。首先，科学研究语境和研究成果转化语境愈发紧密，这被视为当下科学体系结构中的重要特征之一，也就是所谓的"后学院"科学[1]。从这个角度看，"技术化科学"的含义可与"知识"相似，但又不只是一组专业知识的堆积，而是知识和权力的结合，或者说是"广义的行动能力"，一些学者把这一能力视为当代知识社会的典型（Stehr 2005：24）。

第二，人们对科学研究和技术创新的重叠性存在实质上的争议，然而公众在讨论和理解科学议题时却默认了这一重叠性。诚然，在科学家（技术专家）具体的研究实践中，或学者分析问题时，科学与技术概念的远近或有差别，但在普通公众那里，它们常被混为一体，被视为两组相似的概念。

---

[1] Gibbons et al.（1994）；Ziman（2000）；Nowotny et al.（2001）.

第一章

技术统治的回应：所有的权力属于专家

(专家受过良好教育，权力归属专家乃公民之期望)

> 大众感到困惑，却满不在意。科学家们目不转睛盯视数据，然后得出结论：我们都应倍感担忧。
>
> 布雷特·伊斯顿·埃利斯（*Bret Easton Ellis*），
> 《月球公园》（*Lunar Park*）

1.1 技术统治"传教布道"之翼："缺失"和公众理解科学

本章考察甚为普遍的针对技术化科学中的问题和冲突的回应。我指的是所谓的"技术统治的回应"(technocratic response)。这种回应常见于科学共同体中,而在决策者、其他权威评论家以及公众舆论的某些领域也是如此。技术统治的回应将其影响政策决议过程的基础扎根于特定的概念之中,这个概念涉及的是科学专家、决策者和公众舆论之间的关系。

如果对技术统治概念进行最为极端的阐释,可发现这一概念根基于两个主要的信条:

(a) 在对科学和由科学发展所引发的问题上,公众舆论和决策者被置于误导的境地。

(b) 媒体对技术化科学议题不恰当的、耸人听闻式的报道又加重了这种误导。而社会机构和文化智囊缺乏基础的科学训练以及他们普遍对科学研究本身的杳无兴趣又使问题进一步恶化。结果便造成了公民和决策者轻易落入了"非理性"的恐慌当中，继而激起了他们对整个科学研究和技术创新领域（核能、转基因食品以及干细胞研究）的敌意和怀疑。

　　支撑上述论点的各种论据已被学者提出。在意大利，对科学技术固执的敌意（实际上是"蒙昧主义者"的成见）被归咎于政治哲学学说的流行，包括克罗齐的历史观、马克思主义以及天主教学说。环保主义者发起的组织和运动在煽动公众敌意过程中扮演了重要角色，同时，涉及有关技术的经济利益群体同样在其中起到了推波助澜的作用。以转基因食品为例，有机作物的种植者推动了抵制转基因技术的运动。"科盲"和"反科学的成见"两个诨名最常被技术统治主义者引用，以此来强调形势的严重性[1]。

　　一些意大利科学家提到：

　　　　幽灵正在意大利境内出没。它通过预言灾难的方式来唤起社会警惕科学技术，从而使大众陷入恐慌。它鼓吹科学技术对人类与自然有害，通过诉诸毫无根据的恐惧混淆视听，激起了大众对科学的敌意。这个幽灵乃是蒙昧主义。蒙昧主义的表现被换以各式包装。由于蒙昧主义具有反动性和非理性的本质，因而被包装为环境原教旨主义，并反对科学技术的进步，

---

[1]　此案例是英国生物技术和生物研究理事会提供的众多权威案例之一（UK BBSRC 1996: 2）。与意大利相关的案例，可以参见 Bellone（2005）近期的研究。

这是最危险的。①

因此，技术统治者将采取什么样的行动来应对其所认定的反科学成见？他们主要从两个层面展开行动。

首先，假设公民和政客"缺失"科学知识，那么复杂的问题理应交由合格之士来处理。简而言之，就是交给专家处理。两个发生在意大利的事例可以论证上述观点：著名的肿瘤学家、前意大利卫生部部长翁贝托·韦罗内西（Umberto Veronesi）建议组建"伦理与科学上议院"；经济学家朱利奥·萨佩利（Giulio Sapelli）则提议创立一个"专家议会"（Veronesi 2003；Tiliacos 2004）②。与上述行动相类似的实则是政客们时常号召要多听取专家意见，而并非关注路人观点。

其二，专家还提出，为了研究计划能赢得相应的社会支持，应该开展一系列中长期的活动，以缩小专家与一般公众之间的知识鸿沟。这些方案将有益于改变公众对待科学以及与科学相关的活动的态度，或者至少能减弱公众对科学的敌意。此观点是根据线性模式、教育模式、家长灌输传播模式的观念而形成的，强调了公众在理解科学成果时的无能为力，被打上了"缺失模型"的标签，

---

① "伽利略2001为科学的自由和崇高"（Galileo 2001 for Freedom and Dignity of Science）运动声明，http://www.cidis.it。

② 也可以在参考在"科学会议的未来"论坛上的起草的《威尼斯宪章》（the Venice Charter）。其中谈及了为科学组建一个"永恒的权威机构"的构想，http://www.veniceconference2005.org。

这即是技术统治论对公众理解科学的看法。

当然，技术统治这一"传教式"的枝干观点有着悠久的历史渊源，譬如可以从英国皇家研究院在19世纪早期的活动看出。决策者明确表达出对公众舆论和科学之间关系的担忧是在20世纪50年代。特别是第二次世界大战之后的美国，这种担忧拉近了科学和普通大众的距离，推动力量来自科学共同体、科学记者和政府部门。比如，科技工作者协会颁布的名为"科学与国家"（Science and the Nation，1949）的文件强调了提高公众理解科学能力的迫切性，实现手段可以是利用传统的教育工具，也可以是采用如电视等媒体提供的新渠道。当然，科学家在"宣传"科学知识过程中的必要性也被提出。1951年美国科学促进会（AAAS）草拟了相关政策条文——即著名的《阿登·豪斯声明》（Arden House Statement），其中囊括了科学促进会的目标之一——增强"公众对科学的理解和感悟，体会科学方法之于人类进步的重要性和可能性"。"科学——科学成果、科学精神——能为政府人员、商业人士，乃至所有的群体所理解，于科学而言至关重要"。（Weaver 1951，cit. in Lewenstein 1992：52）

为了实现这一构想，美国科学促进会联合媒体推出的多项计划在20世纪60年代早期如雨后春笋般出现，并发展至一定规模。美国科学促进会考虑在好莱坞和纽约为电视节目制作者设"专门性"的办公室（Lewenstein

1992)。1958年，在苏联第一颗人造卫星"伴侣号"成功发射六个月之后，美国国家基金会便斥资150万美金推行一项"公众理解科学"项目。原因在于"伴侣号"的成功发射极大激发了美国支持国内科研事业和科学文化建设事业的热情，以确保美国的发展能跟得上她的对手——苏联。最后，美国科学作家协会（NSWA）从洛克菲勒基金处也获得了一项资助，该项资助试图调查了解美国报刊读者是否认为本国报刊需要为科学新闻开辟更多的版面。1957年，由美国科学作家协会推动的一项针对美国公众的民意测验得以开展，调查发现，美国公众对科学呈明显的支持态度，但公众对科学的理解却停留于普通层级，此调查结果促使美国加大对科学教育项目的投入。到了20世纪70年代，美国国家基金会为了评估上述项目的影响，在其有关公众对科学态度的调查《科学指标》中加入了对公众"科学素养"的评估。

然而，到了20世纪80年代，真正意义上的公众理解科学运动才完全形成，重要的标志便是1985年英国皇家学会的《公众理解科学报告》（Gregory and Miller 1998；Bucchi 2003a出版问世于欧洲）。报告中提到，"公众对科学有充分的理解是推动国家走向繁荣的一个主要因素，对提高公共部门和私人部门的决策水平也举足轻重，还可以让个人生活变得多姿多彩"（Royal Society 1985，cit. in Irwin 1995：14）。报告具体说明了公众良好的理解科学的能力将给个体和社会带来的好处,并号召公共部门和私人部门应当在提高公众理解科学方面作出更大的努力。于个体而言,人们对科学项目有着更好的了解将优化其日常生活的选择(比如在身体保健方面)。此外,人们也将学会更好地欣赏科研成果。于社会来讲,一旦公民对科学技术有了更好的了解,他们的工作效率将会显著提高。而公民对科学研究和技术创新怀有更少的敌意、抱着更多的支持,将有利于他们更轻松地介入到政策决议和经济发展过程当中,这对于践行民主将大有裨益。报告推断得出这样一个推论:"科学家应当学会与公众沟通……并认为科学家有职责去同公众交流"。(cit. in Gregory an Miller 1998:6)该报告促成了英国公众理解科学委员会的成立,委员会由英国皇家学会联合英国皇家研究院和英国科促会共同发起,其主要职责之一是负责协调分配投入至促进科学与公众的交流项目中资金。在英国,对科学和公众二者关系的探讨热情催生了一项针对公众态度的大范围调查,调查结果得到了科学家和决策者的重视(Durant et al. 1989)。结果显示,英国公众对科学有着甚至比对政治、体育更为浓厚的兴趣。但是,只有少数受访者认为他们对科学有充分的认识。而在事实性科学知识的测试中,达标者微乎其微。这些调查结论被援引至众多场合,以显示社会缺乏对科学话题的关注、公众对科学的理解程度过低。一项有关美国和英国间公众态度的比较研究常被引用，调查认为90%以上的美国和英国公民都不具备科学素养（Durant et al. 1991）。

基于这些调查，越来越多的公共部门和私人部门参与到提高非专业人士理解科学能力的项目中，各类项目遍地开花。从由众多研究实验室主持的公众开放日，到科学节，再到各类基金和公司施行的以"战胜科学文盲"为宗旨的措施以及为科学记者提供的培训课程，项目可谓丰富多样①。在欧洲，除了1993年发起的"欧洲科学周"之外，这里还要被提及的是，《欧盟第五框架计划（1998—2002）》划拨了专项资金支持"促进公众对科学认识"项目。自《欧盟第六框架计划》提出以来，欧盟委员会就把促进科学家与公众对话视作其开展项目的首要目标。各类国家性以及国际性的举措被实施，以鼓励科学家与公众开展交流，并为科学家们提供了交流技能培训。诸如英国科学技术办公室颁布的《沃芬登委员会报告》（Wolfendale Committee's report）（1995）这类文件要求那些获得国家财政支持的科研人员应当腾出时间致力于向公众阐释自己的研究成果。近年来，像瑞典这样的国家在制度上明确了公立大学的科研人员负有主动与公众进行讨论和交流的义务，这被视为是教学和研究之外的"第三项任务"。

---

① 有关这类项目的国际调查参见OECD（1997）以及European Commission（2002）。

最近,《欧盟科研人员宪章》(European Charter for Researchers) 和《科研人员录用指南》(Code of Conduct for Recruitment of Researchers) 委员会作出如下建议:

科研人员应当采用能够为非专业人员所理解的方法,确保社会广泛了解自己的研究成果,以此来提高公众理解科学的水平。

1.2 技术统治观点的脆弱支撑

为了实现让公众更为接受科学的目标,技术统治的回应应从强化专家意见的重要性以及让公众更好地了解科学两个方面加以努力,但是这两个方面都有明显的缺陷。

首先,我将探讨这样的回应方式在"传教"方面的主要缺陷。接着,我将论证技术统治的方案并非打破技术化科学中时常出现的僵局的有效途径,而这并不仅是由技术统治的主要缺点造成的。

实际上,技术统治者预设公众对诸如引入转基因食品这类问题公开的怀疑和担心是误导造成的。诚如政治学家雷纳托·曼海(Renato Mannheimer)所述,Isop/AC 尼尔森、欧洲晴雨表(Eurobarometer)以及其他一些机构主导的有关公众态度的调查显示,意大利民众普遍反对转基因食品,这样的情况应该归咎于媒体,"大众媒体为公众塑造的转基因食品形象,无论是正确与否,说服了绝大多数意大利人抵制转基因食品"(Mannheimer 2003)。

如果这是问题的症结所在,那么处理方式不言而喻:科学研究成果需要被更多、更好地向公众传达。这样,公众便能较好地理解科学,继而转向支持科学共同体的立场。最终,舆论才会形成支持科学研究的"气候",科学研究在社会的重要地位会得以强化,而科研结果的技术转化亦会促进经济增长,全社会将从中受益无穷。

因此,大量资金——通常来自公众基金预算——的投入,使博物馆、科学中心、科学节以及研究所公众开放日的参观者受益,使科学记者培训项目、电视节目以及智力竞猜节目得以更好地开展[①],以治疗"病患"(公众舆论、媒体)。

但是,却没有研究能证明频繁的科学传播能促进公众科学认知水平的提高,或者说,至少能促进公众对特定科技问题的态度朝着积极方面转变。此外,普遍来说,大众传播领域的学者对传播效果问题的研究已超过半个世纪,但是媒体传播内容对公众态度(并不涉及公众行为)的直接影响却还有待全面考证[②]。

以生物技术为例,多项研究显示,并不能认为对生物

[①] 《欧盟第五框架计划(1998—2002)》支持的项目列表可以参考,ftp://ftp.cordis.lu/pub/improving/docs/rpa_projects_fp5.pdf。

[②] 可以参见 DeFleur and Ball-Rokeach(1989);对在具体科学传播中使用转移模型的不恰当性的论述参见 Bucchi(2004a)。

技术的误导造成了公众对生物技术运用的敌视。不仅是那些最常从媒体获取可靠科学信息的公众会批评生物技术，就连那些公众中深谙生物技术的行家也会对技术百般挑剔（Buchi and Neresini 2002；也可参见 Gaskell and Bauer 2001；Bauer and Gaskell 2002）。

就此而论，单纯的科学知识传递并不完全导致数以万计烟民坚决的戒烟行为，也许他们只是知晓了"吸烟严重危害健康"这一不争的事实，而自发地选择了行为转变。

技术统治话语的第二个支柱是其认定公众舆论对科学研究存在顽固的敌意。公众对获取有关科学议题的信息毫无兴趣，并且他们对科研工作者存疑，这样的情况在意大利尤为突出。其实，我们只要关注一项近期的调查就可以消除上述成见。这项调查是在欧洲范围内展开的，旨在了解欧洲民众与科学之间的关系。调查报告显示，公众对科学、医学行业以及相关行业的从业者高度信任：71％的欧洲公民将医生划分入"最值得信任"一栏，而排在"最值得信任"职业第二名的则是科学家（45％），公众对这两类职业的信任度明显高于其他。实际上，意大利人对这两类职业的信任度还显著高于欧洲的平均水平：在"科学能解决贫穷、饥荒、环境破坏等问题"上，意大利人的态度最为正面。他们还普遍相信科学的益处大于其可能带来的负面影响（图1.1）（Eurobarometer 2001，2005）。

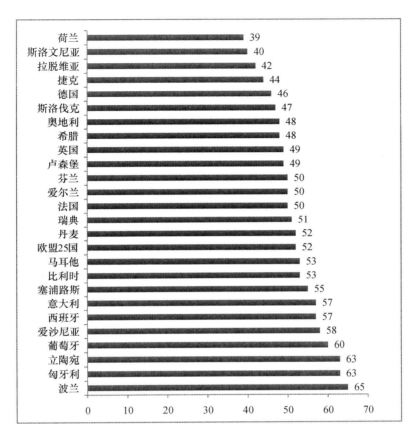

图 1.1 公民对待科学技术的乐观程度：科学的益处大于其可能带来的负面影响（European Commission 2005：58）

近几年，从事生物技术研究的高校和研究机构获得了公众很高的信任度——较之欧洲其他国家，这一情况在意大利更为明显。更确切地说，这些机构如今得到的公众信任度远远超过了环保组织和消费者协会（Observa 2005；Bucchi and Neresini 2006）。

然而，从另一个角度来看，公众对待生物技术的态度是其对待科学态度的一个缩影,这也证实了"公众对科学存有根深蒂固的敌意"这一刻板成见的弱点。在欧洲,调查表明公众强烈抵制农产品生物技术,与此同时,公众却赞成生物医学技术的发展,意大利公民表现得尤为强烈:比如,超过90%的意大利受访者认为生物医学技术领域的研究应该继续开展(Observa 2005)。

一个甚为明显的事实是,如果公众因为对科学存有偏见而抵制生物技术,那么无论是农产品生物技术还是生物医学技术他们都会进行反对。以特定的转基因食品技术为例,公众舆论负面意见形成的原因很难用成见和"意识上"的敌对这样的术语来作出解释。事实上,值得注意的是,在大多数公民对农业生物技术的运用持怀疑态度的同时,仍然有约60%的公民支持这一技术的继续发展。

技术统治观点的第三个支撑是误导。公众是否真的对科学技术无知?毋庸置疑,公众舆论在对科学知识的理解上存在明显的鸿沟,这种情况并不限于意大利。实证研究证明,目前约有三分之一的欧洲人相信只有转基因的西红柿才有基因,而普通西红柿没有(Eurobarometer 2003;Observa 2005)。

更重要的是,"无知"的含义也尚未弄清。实际上,测量公众理解科学水平的指标一直存有争议。1991年美国国家基金会的一项研究指出,只有6%的受访者能正确回答"酸雨成因"这一问题，但却忽略了这样一个事实：专家内部有关该问题的答案其实都尚未统一。另一项研究常被当作是论证公众"无科学素养"的论据，该研究发现大多数的公众竟然相信占星术是一门科学。然而，最新的调查数据却显示，这一错误认识是由于公众对不同术语的理解造成的。在近期的一项欧洲调查报告中，把"占星术"（astrology）替换为"占星算命"（casting horoscopes）后还视后者为科研活动的受访者比例就从41％陡然下降至13％。

其他研究则展现出公众脑海中对科学形象的复杂排列。对占星术是否是一门科学的看法常被大量调查报告当作论证"公众有无科学素养"的指标，也常常被用来作为公众理解科学的程度的参考指标（Wynne 1995）。这类研究还想当然地认为，诸如"理论"和"实验"——实际上是指"科学"本身——这样的术语对普通公众和科学家来说也具有相同的、清楚的内涵。

还需要指出的是，把公众对问卷中科学问题的回答能力等同于公众理解科学的做法已长期桎梏了对公众理解科学领域的探讨。需再稍微重申的是，公众思考问题的方式与专业科学家并不相同。这就促成了以下问题的提出，对"科学家眼中'有科学素养的公众'与现实公众情况吻合度"的测验是否要被许多有关公众科学素养的调查替代（Layton et al. 1986，cit. in Wynne 1995：1995：

378)。

　　出人意料的是，在英国塞拉菲尔德（Sellafield）核处理厂工作的电力技术工人向研究人员表达了他们对获取关于核放射性物质的危险性的科学知识不感兴趣的原因。首先，技工们认为，对放射性物质的科学知识怀揣兴趣会让自己卷入无意义的讨论和争执当中。其次，技工们害怕在对风险发生可能性和不确定性评估时引发自己的忧虑，甚至会惶惶不安，这相当危险。再者，技工还谈道，单位的其他同事已掌握了相关的专业知识，如果他们还不遗余力地刨根问底，同事间建立起的信任和上下属关系将会因此遭到破坏。

　　其他一些例子还显示，在科学讯息与自己的需求无关，或者是对信源不信赖以及科学信息并不代表自己利益时，公众就会忽略讯息。因此，"对技术的无知是社会智力的函数，从其制度维度的意义上来看，这的确也是一种公众对科学的理解"（Wynne 1995：380；原文对这句话作了强调）。

　　获得信息数量的不同并不能作为解释造成专家与公众间认识出现差异的唯一原因。更确切地说，这种差异或许是专家知识体系和公众知识体系间复杂的断层引起的。论证专家与外行间存有知识鸿沟的经典例子便是1986年在英国相关领域爆发的"放射羊"危机，还有就是苏联发生的切尔诺贝利核泄漏事故。英国政府专家长期低估了坎伯兰地区羊群面临的放射性污染的风险。专家的评估结论最后被证实存在错误，出现了戏剧性的颠覆，于是政府当局颁布了为期两年禁止当地羊群屠宰和交易的政令。当地的农民从一开始就担心污染的存在，他们从自己每天的经验知识中了解了坎伯兰的地势、水文分布，认定了放射性物质可能已被土壤吸收，并转移到了植物的根部，这样的经验知识显然是被政府委派至当地进行风险评估的专家所不具备的。专家高深而形式化的评估与农民对风险的直观认识碰撞在了一起，于是导致了农民对政府专家丧失了信心。而专家的罪状则在于，他们为了迎合政府当局试图"掩盖"污染事件的意图而破坏了官方评估的有效性。

根据部分学者的研究，专家自己还特别强调公众就是"无知"的代表。在一项以加拿大某所大型医院医患关系为对象的研究中，患者被要求填写问卷，以测度其医学知识水平。同时，医生则被要求评估每个病患对问卷知识的掌握情况。三个主要研究结论出人意料。患者被证实较好地掌握了医学知识（问卷作答正确率平均为75%），但只有少于50%的医生能够正确评判出病人的医学知识水平。最后，医生对患者知识水平的估计在任何情况下都没能促使他们改变自己与患者的交流方式。换而言之，尽管医生发现病人在理解医学问题或术语时存在困难，但这并没使得医生向患者解释问题的方式出现显著改变。于是，研究者做出彻底的推论，认为在多数情况下，患者缺乏相关知识是一种自我实现的预言（self-fulfilling prophecy）：医生们只是一厢情愿地视公众为愚昧的群体，把公众当做是无知的，还认定公众也并不会为了弄明白相关的医学知识而作出努力（seagall and Roberts 1980）。

技术统治论点的第四个支撑认为，大众媒体的失误导致了公众对科学技术的误解。上文已经提到，公众态度和媒体报道之间的相关性很难被明显地论证，并不单是在科学议题方面，实际上，在公众的信息接触、态度和行为之间建立起牢固的相关关系本身就存在困难。以媒体长达 20 年的科学报道为样本的研究引出了一系列注意事项。首先，媒体没给科学议题足够的版面并非是一个事实。比如，对意大利日报 50 年科学报道的研究发现，分配给科学议题的栏目版面在抽样时间段内显著增加。对英国、德国和澳大利亚日报的长期研究也发现了类似的增长趋势（Kepplinger 1989；Australian Science Indicators 1991；Bauer and Petkova 2005）。并且，媒体对科学问题的渲染并未以负面的和警示性的方式为主：大多数日报中的科学报道都积极正面。但不容置喙的是，科学报道已将注意力转向了科研技术创新成果对现实生活的潜在影响之上——特别是技术对社会的风险（Bucchi and Mazzolini 2003；Bauer and Petkova 2005）。

还必须时刻记住的是，研究人员和科研机构本身在这些新闻报道中扮演了主要角色。在《米兰晚邮报》1946至1997年之间发表的科学文章中，有五分之一是由专家撰写的，而在英国日报中三分之一的科学报道是基于研究机构的新闻稿采编而成。"公共关系"对科学信息施加压力的现象日益普遍，下章将会重点论及（Einsiedel 1992；Hansen 1994；Bauer and Gregory 2007；Bucchi and Mazzolini 2003；Goepfert 2005）。

最后，我们还有充分的论据来反驳公众对科学不感兴趣这一看法。70%的意大利人认为媒体应该有更多关于生物技术的报道——尽管这类报道在近几年确实未被媒体忽略，他们愿意获得更多关于生物技术的信息，并希望信息的获取不仅能通过传统媒体实现，还可以通过参加科研工作者的公众会谈或通过国家和本地研究机构的宣传等方式实现。在英国，79%的受访公民希冀科学家花更多的时间与公众讨论他们的研究会带来怎样的影响，近年来，抱有这样想法的公民人数可谓激增（Oberva 2005；Mori-Ost 2005；Bucchi and Neresini 2006）。

1.3 民主和无知

尽管上文所论及的技术统治的支撑比我试图展示的还

更为牢固，但充分了解科学技术的相关问题对公民来说重要吗？

上文已经提到过，从绝对意义来看，公众对技术化科学也许相当无知，但有必要从相对意义层面来理解问题。我们常说意大利人至少和欧洲人或者美国人一样无知（或熟知），更何况日本人！

从相对意义层面理解问题，意味着需要把因技术化科学而引发的如转基因食品、干细胞研究以及放射性废物处理等问题与当下在公众议程中常见的其他问题联系起来。谁又能否认这个事实——一个理想的公民应当具备相关领域的知识，并且对这一领域问题的探讨充满兴趣？不单就科学技术议题而言，又有多少公共议程中的问题是我们能依据诸如是否参加抗议游行、在公投时投反对票还是赞成票，或是在选举中选哪名候选人等方式就可以形成观点或者进行决策的呢？而这些公共议程中的问题，有几个是我们能全面又准确地把握的呢[1]？不久前，在罗马举行了一场重要的政府间会议，欧盟各国政府首脑均出席了会议。这期间，报刊对会议的报道数日不绝，会议还得到了评论界的广泛关注。一项调查却发现，大多数意大利人对会议主题与欧盟宪法之间的关系依旧知之甚少[2]。有人提出，不具备相关科学知识的公民不应该

---

[1] 有关民主和"全权"公民式乌托邦的关系也可以参见 Lippmann 1925。
[2] internazionale，17，October 2003：26。

就科学问题发表观点，但没有人敢对一般公民参与如欧盟事务、选举程序改变、劳动法规改革等议题的讨论提出质疑，尽管这些公民也并非该领域的专家。相反，在这些议题上，动员公民去投票实属平常之事。此外，也并没有人认为需要将一小部分的社会资源投入到科学传播当中，提供有关欧盟宪法的内容和成因、或是关于意大利选举体系复杂工作机制的详细和明确的信息。

但是，在1987年为了决定意大利是否应该放弃核技术以及近期的有关辅助性生殖技术的两场公民投票中，许多评论强调普通公民对如此复杂的科学问题的理解是无能为力的。这似乎是在建议，在这类议题的公民投票时，不光要对投票者选举权进行核查，还须对他们的知识体系进行评估，以确保参与到投票的公民是合格的，而设计专业问卷或访谈也许是实现测评的手段。

依据这种缺失模型，技术统治论者的建议似乎注定会失败，因为建议不具有可操作性，在很大程度上也没有理论支撑，还带有明显的反民主倾向。

让我们设想一种可能性方案来修复这可怕的"缺失模型"，制定一个使得公民认知水平被认定为可接受的标准。在此，我们会立即面临严肃的问题：由谁来决定"可接受的标准"由哪些要素构成？是否有必要专门成立一个专家委员会来经营此事？如果科学共同体内部无法就标准达成一致怎么办（实际上科学共同体内部经常对有争议的问题存有分歧)？除了以上观点，我们接着把目光转向下述的讨论，因为这也至关重要。让我们设想另一种可能性方案，使公民对转基因食品的认知提高到"可接受"的水平，以此来化解冲突。那么翌日，一切则有必要重新开始：我们需要提高公众对纳米技术的认知水平，后天则是可能提高公众对核能的认识，诸如此类。

还有人提出了我们应该追寻"专家"化的公众的乌托邦。但是，他们却忘记了自己最初设想乌托邦的原因：科学研究日趋专业化会不可避免地带来可能性悲剧。和以上论点相似的情况就是，不仅是一般路人被视为极度无知群体，在高能物理经验丰富的学者被问及在胚胎干细胞领域开展的研究也会展现出极度无知。

我们对于公共议程中的大多数问题一无所知并不值得大惊小怪。需要讶异的是，这种无知——在现代社会的决策过程中至关重要，在涉及有关技术化科学的问题时表现得尤为明显——至今没有引发认识论上的严肃的争议。当然，"无知"并不只用来形容非专家对相关科学技术的理解，还可以形容专家对技术造成的社会、经济以及文化影响的认识。打个比方，当一项创新离开了实验室后，有时候会以意想不到的方式与其他创新互相作用（Hacking 1986；也可以参见本书第二章第 8 节）。

技术统治治者为改变媒体的科学报道，常常提出"把公民变成科学专家（精通所有问题）"，这一提法与乌托邦无异。于技术统治论者而言,"改变"意味着要"给我们一个更好的媒体"。

如何确定媒体的报道会被改变?关键要从采写科学新闻的记者入手。通过各种手段来提高记者的科技知识水平,这些途径通常包括由国家或国际性的公共机构支持的课程、实验室参观以及研究机构和协会提供的培训机会等。然而,这类举措的结果显而易见。首先,参与这些活动的是那些常与科学打交道的专业记者或个人:报刊新闻栏目、科普杂志或科学节目的编辑。我们很清楚地知道这类新闻工作者本身就有义务站在科学共同体的角度和立场,更明确地说就是,他们实际上早把自己当成是向公众"解释"科学成果的专业群体。我们还知道,较之科学共同体,科学记者的信息会以更为有趣和"社会化"的方式传送给小部分受众,然而科学共同体的观点本质上却从未接受过这小部分受众群体的"培训"(Peters 1994;Bucchi 2002)。简而言之,风险就在于对科学记者的培训可能全然无意义。只有在一般公众对问题的兴趣增长时,才会促使科学记者关注一些非同一般的议题,比如,疯牛病、转基因食品、放射性废物以及干细胞技术。1997年,当疯牛病从大不列颠蔓延至整个欧洲之时,大多数日报和电视新闻对疯牛病的报道并非出自科学记者之手,而是由驻扎伦敦的通信员编撰。陈腐的观念认为此类报道会为受众广泛接收,此外,值得被注意的是，这类记者并不同于"科学共同体"的伙伴，他们表现出了对世界研究成果的"不忠"。总之，他们以营造紧张的公共舆论为己任，面对科学家的成果，他们会毫不犹豫地进行质疑或批判。科学家和评论员表达了对这类新闻报道的不满，并不约而同地提出这类科学新闻应该由科学记者"重写"，或者应该接受科学记者的严格把关。然而，这类提法不仅与技术统治论者鼓吹的意图相左（技术统治论者和评论家担心媒体的科学报道可能会趋于"平民化"），并且也不切实际，因为这违背了当今社会化科学背景下的主流趋势——用结果来替换原因。越来越多的科学议题从专家栏目或专稿"迁移"到新闻版面，信息变形为公共议题，这种现象并非是由技术化科学领域冲突扩散的起因，反倒是冲突扩散引发了这一现象[①]。

更进一步说，试图把一般路人转变成科学专家的努力似乎也显得很不公正。向大众传播技术化科学信息的急切需求通常是想当然的，并没有什么令人信服的证据。"交流越多＝理解越充分＝公众对科学越支持＝技术创新越多＝经济发展越快"，如今这条咒语般的因果链被不断重复。但因果链的有效性却无人问津。甚至可以说因果

---

① 在意大利和德国日报里已经有技术化科学议题从专业语境向"普通"语境转移的现象，研究者称之为"平民化现象"（de-ghettoization），相关实证研究可以参见，如 Bader（1990）以及 Bucchi and Mazzolini（2003）的成果。对电视新闻的分析比较稀少：对意大利电视新闻的纵向研究（主要从风险视角）可以参见 Bucchi（1997）。

链上的每组关系都存有问题,它们之间的关系不堪一击。为何要认为公民知晓科学技术化议题的重要性与知晓公共议程中的其他问题一样重要呢?正如所说的那样,公众理解科学运动的初衷是基于三个层面发展而来的。在经济层面,旨在创造支持科研的气候,继而促进技术创新,由此培育良好的社会。分析这个假设已然超出了本书的范围,这里仅仅指出科学研究、技术创新和社会发展三者的关系绝非研究人员捏造之物。一些研究论述道,技术创新是科学研究必然性和独属性的从属物(可参见Rosenberg 1982;Faulkner 1994),技术创新会自动转化成更激烈的经济竞争(可参见Comin 2004)。有关"公众具备科学知识并对科学感兴趣是其参与一切科学决策的首要必备条件"的看法更加值得怀疑。以日本为例,日本是全球研发支出最多的国家之一(研发支出占国民财富总值的3%),但指标显示,与日本的技术创新相匹配的便是这样的现实情形:日本公众对科学知识的了解以及对科学的兴趣低于欧洲和美国的平均值(Nistep 2004)。

在政治层面,强调"公民责任"的号召不绝于耳,这种观点认为为了使公民能参与政策决策,需要让他们更为彻底地知晓技术化科学议题。对决策过程的论述会放到下一章进行,这里要重点强调的是主动获取一定信息——公民认为是适合的信息——的权利和不计代价被动接受信息的义务之间存在明显差别。近十年,前者引导了国家和国际立法的方向，比如政务公开信息文件记载的 241/1990 号法令便确保了公民的信息获取权利①。此权利也和技术化科学问题密切相关。欧盟对生物技术的规程体现了权利的精神，即所谓的《塞维索指令》（Seveso Directive）。指令明确了生活在有技术事故隐患地区的居民需要知晓自己面临的潜在危险。1988 年，指令得到进一步修改和补充，强调了公民有权利知道——不仅是需要知道——与自己相关的信息②。最近的调查也显示，在获取信息的权利和被动接收事先预备信息的义务之间，公民认为前者不可或缺。公民还认为，通过此权利的赋予能帮他们处理当代技术化科学的两难困境（Observa 2005，也可参见本书第 4 章）。

最后，从文化层面看，"公民要有能力去享受科学的丰富性和美感"是一种文化性的辩护。作为一种方法，这一理念很少遭到反对。而作为一种假设，就很难去理解这样的一种现实情况：为何近些年对以大众媒体为渠道来传播科学主题的努力和经济投入并未唤起各国和国际对科学基础教育的关注，特别是对学校的科学教育关注。如果真要说是哪个因素会对公众理解由技术化科学引发的问题产生了不容置喙的影响的话，那定是基础教育

---

① 最近 2005 年 15 号法令对此进行了修改补充。参见 Arena（2001）。
② 这一点在欧盟议会和理事会 2001 年 3 月 12 号颁布的 2001/18/EC 号指令和 501/82 号指令都有涉及。前者主要关注了有关转基因机体情况的专门信息披露，后者在 1988 年 10 月 10 日作出相应的修正，这个案例可以参见 Dini Valentini（1992）。

（特别是基础科学教育）（参见 Bucchi and Neresini 2002，2006）；正是薄弱的学校教育（虽然并非是反科学的）成为影响意大利国际地位的一个要素。更进一步看，从此层面出发，为应对"科学使命感下降"这一问题而采取的具体行动似乎也就理所当然了。实际上，不仅在意大利，在整个欧洲、美国以及日本，报考科学学位（特别是数学、物理和化学）的学生人数连续数年呈陡然下降之势（Observa 2004）。不仅如此，强调要努力与反科学和科盲对抗的说辞也许会有助于刺激更多科研政策方面的迫切需求，把社会资源从特定问题上挪走，用于发动一场广泛意义上的"文明之战"。此外，传播科学风险和公开科学风险是两组迥异的概念，有时二者甚至相互矛盾。因果的先后顺序如下：科研成果的传播，能培养年轻人对科学的兴趣，能提高科研机构和相关研究者社会知名度，提高科学家在决策过程中的地位。践行这类观点的标志性活动包括了许多国家提倡通过明确的传播创意手段以凸显科学在调查破案性影视作品中的角色，或是通过一些间接手段来强调科学的重要性，比如像《犯罪现场调查》[①]这样成功的电视剧集。科学在这类作品中的随处可见已经激发了年轻人学习科学的热情，选修法医学课程的大学生人数日益增多，与此同时，这种现象却徒增了该领域专家的烦恼。事实上，在《犯罪现场调查》这类作品中展现出

[①] 电视剧中展现出了科学证据于破案的关键作用——译者注。

科学证据的决定性和绝对正确性会让陪审团倍感困惑,因为科学证据在现实中(大多数案例中)多是以谨慎的和可能性的方式呈现的(Hooper 2005a)。

相反,技术统治论者家长式的信条毫不踌躇地强调"公众误解科学"的现状可能会使得科学的社会能见度提高,并让社会支持相关领域的研究。以所谓"基因决定论"这一错误观念为例,此观点认为生物的性状、甚至是行为都是由特定的基因决定的,无论是懒惰的个性还是同性恋的取向均是由基因决定的。专家对这种错误观念进行了抨击,认为这是对日趋复杂的基因知识体系的严重歪曲,然而,公众仍旧坚信基因决定论是非同寻常的。美国国会把大笔的资金从高能物理的基础设施建设和其他一些知名项目转移到人类基因组基因定位项目上。这很难让人相信是外行群体脑海中占主导地位的错误决定论引发了国会的这一举动[①]。根据一些学者的研究,爱因斯坦相对论乃是科学在公共平台上被极度"歪曲"的一个突出案例。相对论概念在20世纪的文化语境里被不断引申——司空见惯的便是认定"一切事物都是相对的",但这种理解明显相悖于爱因斯坦的意思。事实上,爱因

---

① 生物学家、诺贝尔奖得主沃特·吉尔伯特向公众展示了一个高密度光盘,然后说"这就是你",以此引出了他有关人类基因测序的讲演;参见 Melkin and Lindee(1995),Fox Keller(2000),以及 Lewontin(2000)。以基因技术为案例分析了基于"信息转移"的简单传播模式所存在的缺点的研究可以参见 Bucchi(2004)。Jordan(2000)则论述了专家是如何对"基因决定论"进行抨击的。

斯坦的目的并非是相对化所有的观点，与此相反，他要论证的是所有的物理法则都可以如是书写：物理法则对任何的惯性参照物而言都具有相同的形式，因此可以形成不依赖于参照物的"绝对"值（Sparzani 2003）①。这些文化引申在某些方面是对相对论的严重"歪曲"，但这种歪曲可能与当时文化环境下的一系列期望不谋而合，这也帮助了爱因斯坦成为 20 世纪的标志。爱因斯坦吐舌头的照片最具代表，这幅照片被符号学家罗兰·巴特（Roland Barthes）解读为是天才形象的缩影，也是物理学的标识，还是科学在公众脑海中卓尔不群的典型映像。

最后，技术统治论"传教式"的话语经常和民主社会语境下公共辩论中的议题发生冲突。上文已经提到过，信息透明化的趋势同信息传播是混淆不清的。在大众传播情景里，对记者特别是"通才"记者而言，他们常认为那些试图提高自己对科学事件认知水平的行为侵犯了新闻自由和职业独立性。20 世纪 90 年代中期，由汽巴（Ciba）制药公司支持的汽巴基金专门为科学记者提供了一项名为"媒体新闻源服务"（Media Resource Service）

---

① 此外，众所周知，1905 年爱因斯坦在《物理年鉴》发表了一篇名为《轮动体的电动力学》的文章，文章并未包含"相对论"的公式，此文让爱因斯坦在全球科学界名声大噪，甚至外行也知道了爱因斯坦。"相对论"的表达式最初是由普朗克提出的，接着为爱因斯坦所采用，"尽管爱因斯坦已意识到了表达式存在不恰当的地方"（Sparzani 2003: 246, n. 6）。1916 年，爱因斯坦的一篇关于广义相对论的文章指出"此理论目前被定名为'相对论'"（Sparzani 2003: 247 转引）。有关在爱因斯坦理论的探讨过程中公共辩论所承担角色的论述可以参见 Biezunski（1985）。

的免费电话咨询业务。记者可以打入服务方电话，并描述自己的采编需求，对方便会为记者提供一名经验丰富的科学家，以帮助其获取相关信息。这项服务的引入招来了记者群体的抗议，记者认为此服务是在试图操控他们甄选新闻源的重要特权，而科学共同体对此项服务的态度却截然相反。一旦科学机构、科研工作者、公共机构以及经济发展组织推出了相关旨在提高公众对热点技术化科学问题认识的项目时，亦同样会招致公众的抗议。一些项目参与者坚称，这类措施的真正目的是劝服公民更多地支持存在风险问题的科学研究和技术运用（Purdue 1999，Irwin 2001）。

当然，这并不是暗示每种传播科学的尝试都是无用的，都会以失败告终。上述的例子只是试图证明那些建立在技术统治话语之上的典型科学传播活动——特别是建立在技治论家长式"缺失"模型之上的传播活动——存在多方面的问题。问题之一在于，其传播模式相信信息并不以信息自体和公民权利为终点，而沦为一种试图改变公众具体行为态度的手段。问题之二在于其传播模式的假设。假设认为，公众有必要对公共议程中的科学议题有更多的了解，这可以使公众接受专家的价值取向，也就会促使公众支持专家所有的研究计划和创新活动。技术统治论带来的又一风险则表现为，对"漫无目的"传播方法的提倡会使更多稳固的政策被忽略，这些政策是长期性质的，政策的功效性也更显而易见，比如对高质量的科学教育的政策支持，此类型的教育利用了多元的教育工具，从多媒体资源到互动性的科学中心无所不包。

但是，假定这种"传教"般的科学文化传播模式的基础和有效性都备受争议，我们又如何能解释其经久不衰，并且在科学共同体中的权威评论家和倡导者甚至视该模式为正统的"意识形态"的原因。更为重要的问题在于，是否人们认为类似"刺激-反应"这样的传播模式（"传播给对方什么内容，接受者便信服什么内容"）只有在科学传播过程中是有效的，而在其他非科学领域的传播过程中（政治或宗教传播）都要备受责难？

最近，巴塞罗那科技园组织了以胚胎干细胞研究为主题的展览，但展览结果却不尽如人意（参观者在游览结束后似乎并未改变他们对研究的认识）。一位科学园的负责人断定："很不幸，改变人们的想法真的很难。"（Malagrida et al. 2004）然而，这也无比幸运！否则，那些有权实施大量信息灌输的家伙可以不费吹灰之力地操纵公共辩论。

故而，为何有如此之多的行动者会顽信在专家和公众舆论之间存在关系的理念，尽管这一观念在前提和结果上都甚为脆弱。纵使是那些技术统治论最忠实的拥护者也不得不承认，虽然公众理解传统科学的"教育式"倡议已持续了 20 年，但技术化科学领域的冲突却并未消除，反倒是有增无减。

第一个原因在于科学话语的特殊地位。有一种看法认为（实际上，相比于专家群体，公众群体中更流行这种看法[①]），科学的观点——不像如政治范畴的观点一样，科学观点断定的是"客观性"，同"真理"息息相关——仅通过不断地传播就能使自身地位得以巩固，并且只要此科学观点是可被理解的，它就能立即克服传播过程中所遇到的种种障碍。此观念的弱点并非源于其固有的优越性——此优越性是从历史角度进行了大量认识论的探讨而形成的结果——而是观念的地位已在公众脑海中呈衰弱之势。无论正确与否，科学话语已逐步丧失了它的特殊地位，其地位已被公共辩论中的其他观点同化。

另一个原因涉及特定的历史-职业语境，"传教"的概念便是这个语境下的产物。由于公众无力处理科学问题的成见在科学共同体内部根深蒂固，这就很容易理解是什么促使了科学家喜欢对其权责范围以外的问题和解决方法发表看法，这还不是某些科学家的偶然为之，而是整个科学家群体的普遍行为。从这个角度出发，一些社会学家明确地坦言，公众理解科学运动至少应该像重视

[①] 大量研究显示，在研究者脑海中对"科学"的概念常常表现出认识论上的幼稚（Chia 1998）。却并未否认科学共同体选择性地假定了公众形象，此假定主要是基于众所周知的大众传播过程，在大众传播过程中，科学论点中谨慎性和可能性的部分被移除，使得科学观点表现出不容辩驳的观念上的毋庸置疑性（Fleck 1935；Whitley 1985；Bucchi 1998a）。

另外两个问题——媒体和公众——一样重视由科研活动而引发的问题。准确地说,由于甄别个体及其在社会中的角色存在困难,便诱导了科学家有意无意地设想出了一种诊断和解决问题的方法,此方法便把造成(科学和社会关系)变化的责任归咎到整个社会上。因此,技术统治者提出的解决科学和社会冲突的基本方法是:改变社会(套用福柯观点中的术语)——让社会变得更有"教养",更为理性,接受更多"专业训练"(Foucault 1975),方可让社会包容科学。这也能帮助我们弄清技治回应所存在的悖论:在决策层面——"所有的权力属于专家";在教育层面——技术统治者正在为培养更"了解科学"的公众而努力。技术统治论者将解决这一悖论的希望寄托在公众身上,认为仅仅通过让公众舆论更关注专家,并让其从专家处获取更完备的科学知识,就可以使公众认可专家的立场。实际上,只有当公民意识到自己必须俯首于专家之时,他们才会确确实实地认为必须要接受来自专家的信息。

本书第二章会继续分析这类努力的失败并非是由于没有相应的行动付诸实践,而是由于用力过度使然。上文已分析了试图通过大量的传播信息注射(inject)使公众舆论与专家认识——专家内部对某一问题的认识本身常存有争议——相统一是不切实际的,而在公众采取行动时对其行为进行引导也同样不合实际。一些公民群体对相关问题已具备了良好的知识背景，甚至超过了技术统治论家长主义的期望，但这些公民的实际行动却依旧与技术统治论者的预期格格不入。

因此，必须明确地说，科学共同体能否对公众和科学关系的议程发号施令，除了取决于其在公共领域赢得权威性之外，还取决于其能否先于其他行动者察觉到二者关系的悄然变化（此察觉力无疑能随科学共同体感觉到其地位受到威胁而不断增强）。

这里还必须强调，正如在起初部分所叙及的，支持技术统治的观点并不意味着全盘认同技术化科学以及技术化科学领域专家的论点。一些技术化科学家的接纳者，比如决策者和公民，常常如己所愿地去积极致力于捍卫技术统治论者的选择，或许是因为机会使然，使得他们愿意将自己的义务委托于他人。下文将会对出现这种现象的原因进行更为详实的讨论。

最后，我们需要慷慨地承认不少专家已然警觉到了技术统治论的缺点。至少在国际层面上，已越来越少提到反对科盲的需求，而更多地强调我们不应该鼓励贩售科学概念的行为，而应该鼓励那些活跃的公众参与到科学与社会的对话当中。这应当代替那些只是简单将观点和态度从一方传递到另一方的活动。比如，2011年欧盟将把其在公众理解科学领域资助的项目名称从"公众认识科学"更换为"科学与社会"。2000年，英国上议院宣布基于单向、灌输传播模式的传统公众理解科学运动阶段就此告终。上议院报告呼吁全新的活动形式出现，这些活动将与公众的"对话情绪"遥相呼应（House of Lords 2000）。1985年联合发起了公众理解科学委员会的三家机构（英国皇家学会、英国皇家研究院、英国科促会）决定停止更新其行政预案，标志传统公众理解科学运动的终结[①]。

然而，有人怀疑这些声明背后依旧为技术统治论埋下了伏笔，它们的使命仍是"改变公众对科学的不忠"，技术统治论者用尽全力推出了一种更有诱惑力的模式，只需轻轻按下（传播）按钮便可以实现想要的结果。比如，某些项目一方面鼓吹实现辩论和对话的理想，一方面又强调项目的目的在于让公众卸下对生物技术或纳米技术的防备[②]。

对此，诸多科学家和决策者表达了不满，最具代表性的便是他们对2003年英国政府发起的名为"转基因国家倡议"活动结果的失望，此活动乃是一场全民针对转基因食品的大讨论。在讨论中，怀疑论在公众舆论中明显渐占上风，辩论活动被迫停止。活动失败的原因被归责在相关组织群体飞扬跋扈的行为之上，特别是那些环保

[①] "我们达成一致，如公众理解科学委员会当前推行的灌输式的传播模式已不适用于更广泛的议程了，此传播模式与当前科学传播群体的工作格格不入"，三家机构的联合声明，2002年12月6日，http://www.copus.org.uk。

[②] 比如，欧盟博物馆和科学中心网络Ecsite的主管报告中这样讲过。参见Staveloz（2002）。

主义群体的作风。这里我不想复述早先对传播期望的一个论调：对话和辩论本质上倾向于制造冲突，或者至少说是产生不同意见。然而，值得注意的是一些颇有组织的参与者会在辩论中获得更多的社会知名度和影响力，尽管他们的论点并非是最具代表性的。这种情况在公共辩论过程中不可避免。就好比虽然工会组织仅代表了少部分工人的利益，但它们却能以代表该领域内全体工人的姿态坐上谈判桌并签署协议。

社会广泛流布着抵制科学进步的传统观点会产生何种影响的讨论，最近一群颇有影响力的欧洲科研人员对此表达了观点，他们如是推断：

某个教训将在十年（对转基因食品、干细胞研究、生殖技术）的争论后浮出，在社会反对科学的情况下，科研、技术的发展和创新几乎步履维艰（European group of the life sciences 2004）[①]。

1.4 威胁政府的面粉

2000年8月4日，时任意大利总理的朱利亚诺·阿马托（Giuliano Amato）通过他的内阁宣布了一项决议，此决议在意大利和国际社会引起了强烈反响。早在一年

---

① http://europa.eu.int/comm/research.life-sciences/egls/pdf/conclusions_egls.pdf

之前，1999 年 9 月，名为"绿色环境与社会"（Verdi Ambiente e Società）的环保协会提请了一项诉讼，以抵制由诺华、孟山都、杜邦先锋以及艾格福公司生产的以转基因玉米和油菜子为原料的七种淀粉和面粉进入市场。诉讼对这类产品进入市场的合法性提出了质疑，认为产品是通过所谓"简化程序"进入市场的。依据该程序，欧盟法规对转基因食品进入市场的操作"本质上"与传统食品"别无二致"，公司的产品只要获得某个欧盟成员国的市场获准，就可以顺利进入其他成员国市场。这七种淀粉和面粉已获得新食品咨询委员会和英国农业部的审批许可。环保协会质疑将此程序运用在存在争议的产品上的合理性，对转基因食品与传统食品市场准入程序"本质上的相同"提出了争辩，认为对转基因食品的审批程序应该包括更多谨慎的环节，并要求每个成员国都独立对产品进行安全测试和批准。

此事件引发了前任卫生部部长罗西·宾迪（Rosy Bindi）的关注，她要求高等医疗研究所（Istituto Superiore di Sanità）提供咨询建议。机构给出的结论认为此类食品本质上并不等于传统食品。1999 年，意大利卫生局（Consiglio Superiore di Sanità）也作出表态，重申了这些存在争议的转基因淀粉和面粉不应"本质上等于"传统食品，因此认定对这类食品实行简化审批程序是不合法的。同时，以马西莫·达莱马（Massimo D'Alema）为首的政府请辞后，翁贝托·韦罗内西被委任为卫生部部长，农业部部长则由绿党人士阿方索·佩科拉罗·斯卡尼奥（Alfonso Pecoraro Scanio）担任。2000年7月伊始，韦罗内西再次向高等医疗研究所寻求二次咨询建议，建议强化了第一次的结论。为了回应政府的进一步要求，高等卫生学院声明已经对"本质上等于"这一概念（此概念被认为模糊不清）作出了限制性解释，并断定机构"没有义务对存在争议的转基因生物可能给环境释放的风险和以转基因物品为原料的食品作出表态"。在内阁会议掀起风暴期间，如果转基因食品不立即退出市场，农业部部长斯卡尼奥和环境保护部部长龙基（Ronchi）将被胁迫引咎辞职。工业部部长和科学研究部部长却表达了相反的观点，而卫生部部长却尽力避免卷入争论。

2000年8月4日，议会总理宣布禁止其中四种产品进入市场。这也是将所谓的"安全条款"适用于这类产品上——其他一些通过正常程序审批通过的转基因食品也已逐步被成员国禁止。然而，对欧盟食品科学委员会的咨询十分必要，该委员会将决定在欧盟范围内决定禁止此类产品市场准入的条件是否合理。欧盟委员会认定，意大利当局签署的文件并未证明转基因食品对人体健康存有显著风险。

接下来的几个月，大量欧盟成员国以及欧盟议会，开始对欧洲种植转基因作物发起大规模的抵制。在意大利，农业部部长决定只有当研究人员保证不从事转基因食品的研究的情况下才能获得该部的研究资助,此举激起了科学共同体的反对。逾千名科研工作者签署了"科研自由"的请愿书,其中包括了诺贝尔奖得主雷纳托·杜尔贝科(Renato Dulbecco),该文发表在 2000 年 12 月 5 日的《24 小时太阳报》上①。

复杂的决策过程,权威科研机构、专家委员会的矛盾观点,经济利益、环保组织的抗议,构成了阿马托执政期间这场转基因面粉剧的所有元素。而这场论战彰显了当今技术化科学所面临的两难困境。无独有偶,这场争论数年之后,2003 年,皮埃蒙特地区的政府首脑恩佐·齐戈(Enzo Chigo)在自己的办公桌上发现了另一份关于转基因生物的棘手文件——紧接着伦巴第区政府和威尼托区政府首脑也接到了类似的文件。卫生当局发现在该地区约有 300 公顷的非法转基因作物种植,当局担心转基因作物可能会对传统作物造成污染;而此问题也常常被专家讨论。在专家、生物技术公司和农民联合会的代表激烈的争论之后,齐戈选择采取"零容忍"政策,要求毁掉这些存在争议的转基因作物。

技术统治论者对这类事件给出了基本的判断:且不论公众舆论是平和的还是敌对的,事件问题在于决策阶层对科学因果"装聋作哑"。正如科技哲学家里卡尔多·维

---

① 对事件的详细描述请参见 Meldolesi(2001)。

亚莱（Riccardo Viale）所评论的，政治在这类事件中的错误在于，它"拒绝把来自学会——刊载于主要的国际科学期刊上——的科学当做解释物理和生物现象的唯一知识来源"（Viale 2003）。根据此观点，政治阶层为了选举胜出不惜拉拢民意，却对来自科学的建议不闻不问。这类争辩颇为有趣，因为它责备了政治的工作机制与科学不同，依照的是自己的一套游戏规则，因此政治更为关注社会和文化因素而非科学同行评议的观点。

技术统治的立场似乎提出并鼓吹解决当今技术化科学的两难境地的方法在于呼吁科学、政治和社会三者的关系回归到传统模式。但技术统治论却忽略了三者的关系以及维度已然发生了改变。而只有一点尚未改变，即夹杂了高度技术化科学复杂性的政治问题与日俱增。这还只是问题的表面。过去的政客们同样遭遇过类似的情况：比如美国政府制造和使用第一颗原子弹的决策。但正如斯诺所描述的那样，不同的是政治和专家的关系曾经"躲藏在紧锁的大门之后"，绕过了公众的监督（Snow 1960）。为何过去那么多年都没有公共讨论，而在今天，公众却对转基因作物、农业生产使用除草剂和杀虫剂是否安全等诸如此类的问题议论纷纷？难道这些技术创新本身就带着潜在的争议性？

然而，出于多种原因，这类在一定程度上类似维亚莱和韦罗内西所倡导的"非公开"协定（比如某种由科学家充当顾问的政治，其一丝不苟地接受来自科学家的指导）已不再具有可操作性。

首先，媒体扮演的角色使得躲在公权大门之后处理政治和科学关系的行为已不切实际。很容易论证"媒体只是权力的服务工具"这一陈旧观念的不合时宜，随着媒体化公共领域的不断延伸——特别是新媒体的不断普及——媒体为公共平台上的主要参与者创造了成名的机会，而对知名度施加控制却空前困难（参见比如 Meyrowitz 1985，特别是 Thompson 1998 著作第 9 章）。这种困难不仅体现在对政治领导的个人形象控制上①，还体现在对公共空间的行动者（包括科学家）形象的控制。行动者们受到公众舆论密切监督，任何不恰当的行径都会被无情地公之于众。这对决策过程本身造成了影响，而科学技术专家在决策过程中的角色也难免不受波及。恰如安德鲁·凯利（Adrew Kelly）的例子，2003 年媒体调查曝光了这位英国科学家参与编写了布莱尔政府对伊拉克持有大规模杀伤性武器指控的"虚假材料"（dodgy dossier）。此行径备受争议，之后凯利选择了自杀。凯利事件证明了媒体舆论已渗透到了决策过程的中心区域。

第二个原因在于科研专家的变形，尤其是公众舆论和政治领域对科研专家观念的变形。如今的问题并非在于

---

① 一个经典的例子是：2005 年 9 月乔治·布什对自己电视上的一个特写镜头感到惊诧，此镜头显示布什向国务卿赖斯递纸条，请求会议暂停，因为他需要去洗手间。

是否要去信赖科学家，而是要信赖哪个科学家。而政治比公共舆论更常遭到专家的攻击，这群专家常常给出不一致的建议。环保组有自己信赖的专家，在有关温室效应或是转基因作物的讨论时，这些专家充当了机构的喉舌。因此，评论家口中"负责任的政客"在决策要铲除还是保留转基因作物时到底应该做些什么？是调研相关研究领域专家的意见？还是参考最近几期《自然》中发表的否认转基因作物有危害的文章？那其他一些对作物危险性的研究文章是否该参考呢？抑或是相信诸如在阿马托政府转基因面粉事件中来自高等卫生学院和卫生局的第一次意见以及高等卫生学院和英国农业部顾问委员会提出的第二次意见？在2005年意大利对辅助性生殖技术和科研使用胚胎干细胞技术的全民公投事件中，来自科学共同体的代表不仅表达了对两种技术的支持，还对特定的技术问题发表了不同意见：比如胚胎植入数量和辅助受精过程成功率的关系、技术对胎儿存在的风险（Randerson 2004；Fox 2005）。在斯坎扎诺·乔尼科（Scanzano Jonico）放射废物处理事件中，当地居民的抗议引来了公众的注意，大量科学家便匆匆表达了自己对政府选址可持续性的质疑，意大利科学共同体分裂为以两位著名科学家为首的两大阵营，两派爆发了激烈的争论：一方以物理学家、ENEA机构主席卡洛·鲁比亚（Carlo Rubbia）为首，另一方则以意大利地球物理研究所所长恩佐·

博斯基（Enzo Boschi）为首（Bucchi and Neresini 2004b）。

　　要清楚的是，这样的问题并不是意大利所独有的。比如，2001年英国政府组建了委员会以决定是否有必要对当前"国内"辐射污染风险作出评估，因为释放到环境中的辐射物质可能被人体吸入和摄取——明显要求迅速对这个问题作出决定并立即采取行动——然而不同专家对此问题提出了不同的假设，这导致政府决策连续数年处于瘫痪状态（Hogan 2003）。吸烟的危害常被认为是无可争辩的科学事实的典型，但在今天，一旦这个问题被卷入到决策过程和公共传播中，依旧逃不出严重的公共辩论。近期，一些研究者就认为烟草中含有的尼古丁对类似帕金森和老年痴呆等这样神经中枢系统疾病具有益处（Müller 2005）。

　　专家先在类似一个"科学法庭"的机构中就"我们所认同的"达成一致，然后再把方案呈现给决策者和公共舆论，科学共同体中越来越多的明察秋毫之士早就意识到了这样做的困难。

　　技术统治论的拥护者对这类情况的反映是，他们宣称相关领域的绝大多数科学家对涉及公共利益的问题都是持相似看法的，只有小部分科学家公开表达异议。然而，媒体对异议者倾注了不相称的关注，因此引起了公众对各类观点关注的不平衡，这种现象是常规"缺失"模型抱怨的奇妙的变异。

我们并不否认媒体在援引专家观点时以"典型性"和"平衡性"为标准的行为反映出了其和科学共同体的逻辑差异（Dearing 1995）。然而，这是一种结构性特点。这并不是由于媒体工作的"玩忽职守"和"粗心大意"造成的，而是源于媒体报道的本质特点。于媒体来讲，"专家"永远是能针对具体问题发表真知灼见的合格人选。表达能力强，幽默风趣，在公众中有知名度，和相关机构有关系，获得过非常有影响力的殊荣……记者甄选采访专家的重要标准不外乎这些（Peters 2002）。上述的这些因素使得在艾滋病研究领域知名的免疫学家艾尤提（Aiuti）被选为第一位评论"疯牛病"的科学人士，虽然他本人亦承认自己并非是该领域的专家（Bucchi 1999）。媒体还让肿瘤学家韦罗内西来评论转基因作物，或是让诺贝尔得主对公共议程中最备受争议的问题发表看法[1]。

　　事实表明，公共和政治领域认为科学家内部之间越来越爱争执不休，要找出毫无异议的权威充当发言人实在难上加难。将近四分之三的意大利人认为，科学家在转基因（74%，较之于 2003 的 69% 呈现增长）和胚胎干细胞研究（73%）上的意见都不统一。更甚者，也有将近四分之三的意大利人形容科学是"有偏的"，超过 40% 的人认为生物技术的研究主要"服务于经营种子生产的跨

---

[1] 技术统治论拥护者对赞成和反对的关系做出了明显的修辞灵活性处理。在某些情况下，少数专家的意见不受重视，而在其他一些情况中，科学并未被大多数观点所绑架，因为少数专家的观点渐渐被证实比大多数的意见更为可靠。

国公司"（Observa 2005）。德国大范围的调查也同样显示出舆论中的绝大多数人认为，专家在生物技术研究上是有偏向的：他们的研究会把特殊的观点和利益纳入考虑范围。有将近四分之三的英国公民坚信，"科学家的独立性常受到科研资助方利益的威胁"（Peters 2002；MORI/Office for Science and Technology 2005）。

换句话说，最近十年公众心目中科学和科学家"中立"的形象骤然下降，公众已不那么相信在公共平台长期树立起来的科学无私的形象。科学形象的变异进一步弱化了技术统治论者的提案，比如成立一个由"独立"专家组成的科学"上议院"（Veronesi 2003）。到底要独立于什么，或是独立于谁？独立于政治权力？独立于环保组织以及消费者协会？独立于商业？谁应该委任专家？又该由谁来资助科研才能确保其独立性？

根据这类观念和公共辩论，科学与公众舆论关系的"危机"——从疯牛病到转基因作物，再到意大利对迪贝拉（Di Bella）疗法的争议——彰显出公众对科研专家的"万分景仰"已逐渐消失，有关专家代表着统一意见的观念也逐步被专家之间相互冲突的声音所取代，此现象实不可否认[①]。

在本质层面，可以将科学形象的变异与近期科研实践方面的一些变化联系起来。大量的研究者已经对此进行

---

① 对这类有代表性的风险状况的分析请参见 Bucchi（1999）。

了分析和描述：比如就战后"大科学"转向"后学院"科学而言，前者主要由学院和决策者共同推行，后者则呈现出一种"学院—产业—政府"的复杂性特征，重要的科研发现将使得私有企业的市场行情飞涨（Gibbons et. al 1994；Etzkowitz and Webster 1995；Ziman 2000）。事实上，专家之间对这些问题的热闹讨论也持续了一段时间，比如一项研究要是由医药农业公司资助，公布产品的负面研究结果就会受到相应的阻力（van Kolfschooten 2002）①。

科研人员中存在的频繁的激进主义促使他们不断为自己申诉，并参与示威游行，而这也加速了科学不受物质利益束缚的中立形象的分崩离析。下一章节将会对所有的这些现象进行分析。

---

① 《自然生物技术》刊载了一篇文章，文章认为转基因食物并无危害性。接着，大量科学家对杂志表示了抗议，他们联名撰写抗议信，指出杂志并未对文章作者的利益冲突作出声明。抗议信谈到，18名作者当中有11名作者接受过或正在接受来自以生物农业产品技术为主营业务的公司的研究资助。

Chapter 2

第二章

爱因斯坦业已离开大厦：听命于后学院科学

哈雷先生向国王陛下扼要描绘了自己的天体图，国王龙颜大悦。然而，除了褒奖，哈雷什么也没得到。

约翰·奥布里（*John Aubrey*），

《短暂的生命》（*Brief Lives*）

第二章 爱因斯坦业已离开大厦：听命于后学院科学

"在得知爱因斯坦确证了自己的发现后，阿尔伯特·迈克尔逊（Albert Michelson）[①]身着印有'摇摆吧，迈克尔逊'字样的黑色紧身T恤阔步踏进皇家学会。事实和谣传相反，迈克尔逊并未像其他Interferometers-R-US公司的持股者那样因持有公司的股份而发大财。他同我讲，抛售股票太迟，只赚了'几百万'，只够买自己那有名的90英寸游艇。"（Collins 2005：50）。

如果技术化科学运作方式和组织实践至今未变，我们在报纸上读到的内容将和哈里·科林斯（Harry Collins）对爱因斯坦和迈克尔逊时代所做的上述描述一致。去测量分离当代技术化科学和其并不遥远的过去的差距让人感到有些嘲讽。很难想象用传统技术统治论来作为解释技术化科学困境和僵局的框架是多么不合适，除非有人认识到当今的科学研究已发生了深刻的变化，科研与更

[①] 阿尔伯特·亚伯拉罕·迈克尔逊（1852—1931），德裔美国物理学家。1882年，设计了精确的实验测出了光速而家喻户晓。迈克尔逊和莫雷共同开展了实验，实验证实了地球运动并不会对假定存在的"以太"施加任何影响，以此解释了光的传播（译者注：实验论证了光的不需要以"以太"为传播介质）。迈克尔逊是美国第一位斩获诺贝尔奖的物理学家（1907）。

广阔的社会语境的互动也不尽相同。本章将简要系统地分析引起这些变化的主要因素。

2.1 后学院科学？

虽然后学院科学的观点不总是与许多学者以及知名专家的看法相吻合，但可以确定的是，今天的科学与我们过去所了解的科学已经截然不同了（并不仅仅就组织方式来讲）：过去的科学即学院科学，特别是两次世界大战期间在工业化国家兴起的"大科学"。大型研究机构（主要是政府研究机构）和大型投资（也主要是政府投资）是驱动彼时科学的力量，当时的科学和政府权力之间是牢靠的信托关系，专家圈子也相对狭窄。

科学是"二战"同盟国取得胜利的重要功臣，像丘吉尔这样的政府首脑在做重要决策时都会参考其科学顾问团的建议。

在当时的科学环境下，爱因斯坦可以直接"上书"罗斯福总统，并要求其支持美国核物理事业，以保证美国能领先德意志研制出原子弹。在战争濒临结束之时，爱因斯坦再次"上书"罗斯福，建议其留心核物理学家西拉德（Szilard），警示有关核战争的风险。

1945年，万尼瓦尔·布什（Vannevar Bush）在递给

杜鲁门总统的报告——《科学：没有止境的前沿》（Science: The Endless Frontier）——中把科学形容为"会下金蛋的鹅"，并拼出了等式："更多基础研究＝更多技术＝愈发繁荣＝更有能力在冷战时期跟上敌人的步伐"。

首先是物理学——大科学下的佼佼者——需要达成广泛的国际合作协定，以此来维持采用大型加速器进行的基本粒子实验的经费开支。

这就是第一波真正意义上得到科研政策支持的科学，接着——特别是从20世纪60年代末起——迎来了第一次有关科学在环境和发展中所扮演的角色的公共讨论。从此，当今技术化科学的结构开始在许多方面与彼时的科学渐行渐远。事实上，学者如今谈论的"后学院科学"或是"模式2科学"[①]与战后兴起的"模式1科学"形成了对照，一些学者甚至将前者称为继现代科学在16、17世纪产生后的"第二次科学革命"（Gibbons et al. 1994；Nowotny et al. 2001；Etzkowitz and Webster 1995；Ziman 2000）。

[①] 译者注：科学社会学家迈克尔·吉本斯等学者发展出的概念，对科学知识生产过程的两个模式的称呼，科学知识生产模式1（mode-1）和模式2（mode-2）。

2.2 奇爱博士之后：我要如何学着不去为股票买卖惴惴不安，并爱上它[①]

首先，两种类型科学的第一个不同点无疑在经济资助方面。在诸多国家和技术化科学领域，私人投资成为补充政府基金的重要资助渠道，在某些情况下，政府资助的削减部分地由私人投资填补，这种情况从20世纪90年代以来尤为突出。大学和企业之间达成合作协议和专利协定的情况日趋频繁，有时，决策者们还极力推动二者的合作。比如，20世纪80年代，美国联邦政府为了应对政府科研经费减少的情况，开始允许大学和科研人员将自己的研究成果作为专利出售。"里斯本战略"旨在复苏欧洲的竞争力[②]，据此，欧盟委员会多年来都把促进企业和科研中心的合作当成其科研政策的出发点。尽管如此，欧洲的情况显得更为复杂一些。就科研投入而言，近年来不断增加的科研投入已使得如芬兰和瑞典等国成为了欧洲乃至全球研发开支最多的国家之一。这些投入绝大

---

① 译者注：《奇爱博士》是电影大师库布里克对人类未来思考的三部曲之一，此片在电影文艺界颇负盛名，电影全名为：Dr. Strangelove or：How I Learned to Stop Worrying and Love the Bomb《奇爱博士：我要如何学着不去对炸弹惴惴不安，并爱上它》，这里作者幽默巧妙地借用了电影名为标题，并把bomb替换成stock exchange（股票买卖）。

② http://europa.eu.int/growthandjobs/pdf/lisbon_en.pdf

部分来自于企业（比如手机制造商），企业投资占总研发费用投入的比例逾70％。从全球来看，来自跨国企业的研发开支业已超过6770亿美元①。

国际基金投资生物医药技术的现象已持续了数年。许多企业便是通过私人企业所谓的"公司分拆"并联合大学和科研机构共同设立的，它们专门以行业技术创新的名义从事科学研究。特别是在某些行业中，科学家还出任公司的董事会成员或成为经营技术化科学业务公司的主要股东，这类情况已比较普遍。日益增多的现象还包括公布某一科研发现会推涨投资该项目公司的股价，或商业利益会对传统科研成果中心部分的传播和共享过程产生冲击。1996年，在轰动全球的"多利羊"诞生之后，资助伊恩·威尔默特（Ian Wilmut）和罗斯林研究所一千万英镑的PPL Therapeutics公司便强制要求涉及该项目的所有研究人员必须对外保持沉默，直到采用克隆技术培育的动物的奶水中存在有益蛋白质这一专利申请提交过后，他们才能放开口风（Kolata 1997）。

商业和科研日益紧密地交织在一起，此现象在2000年5月14日引来了全球公众的目光。当天，英国首相布莱尔和美国总统联合发表声明称，要公开包括人类基因顺序和基因变形在内的所有关于人类基因组的原始数据，以供全球科学家免费使用（Danchin 2000）。翌日，众多

---

① 数据援引自2002联合国贸易和发展会议：UNCTAD（2005）。

生物技术公司的股价暴跌，纳斯达克技术指数惨遭拖累。

发生了什么？由珀金-埃尔默（Perkin-Ellmer）科技公司出资在美设立的子公司塞雷拉基因组有限公司（Cerela Genomics Inc.）进一步联合电脑制造巨头康柏公司（Compaq）宣布公司即将完成整个人类基因图的绘制工作。克雷格·文特尔（Craig Venter）是塞雷拉基因公司的总裁，也是一名生物学家，在他用700万美元设立了私募基金之前很长一段时间都在美国国家卫生研究院为一项大型的人类基因测序项目工作。全球性的公共研究机构联合起来，长达数十年为完成人类基因项目而不懈努力，刚成立的塞雷拉公司便站在了项目完成的边缘。由于担心这样一个重要的、并且在资本增值上具有很大诱惑力的科学研究发现会不再被公共舆论关注，于是两研究组的人员同意联合发表人类基金组"图谱"。

的确，图谱于2002年得以在两本最负盛名的科学期刊（《自然》和《科学》）上发表，但两个研究组各自选择的期刊却稍微有些反常：公共科研机构联合组的成果刊在私有刊物（《自然》）上，而塞雷拉公司的研究成果却在美国科学促进会主办的期刊（《科学》）上付梓。

尤其在像微电子、信息技术和生物科学这些研究领域，科研和市场相互交叉，也即"科研活动向经济活动的转化"（Etzkowitz and Webster 1995：482）。这一变化除了促使新的行动者——企业家或公司股东——源源不断把自己的合法利益带到技术化科学领域内，还使得科学家的角色被重新定义，改变了传统的"分工形式"——研究者赢得了名誉，企业获得了利润。因此，由大学科研人员担任企业顾问被认为是研究者角色的"外部性"。这一全新角色设定或许是科学家所在的单位为其分派的科研工作和任务的必须部分，而这也的确是促使科学家担任企业顾问的因素之一。相反，评价科研工作者成果的传统同行评议过程可能会与研究成果的保密需求相冲突，此保密性是为了科研成果潜在的商业运用。该冲突也增加了企业顾问和投资基金的离心压力。在医药和制药领域，企业金融师的作用已变得非常普遍，以致有关科学共同体内部和外部"利益冲突"的争论频繁出现，也使得对公开科研成果行为的抵制日趋增多，而成果公开实则与赞助商的意愿相悖。特别是在美国，这些变化已经深刻改变了高校的制度设立和组织方式，以提高机构获得市场资金的能力。事实上，高校本身已发展成了有影响力的经济参与者。就预算开支而言，有7所美国高校跻身进入《财富》评选的全球总收入500强企业榜单（表2.1）。2003年哥伦比亚大学拥有企业52家，并和其他企业签订了169份研究协议，大学全年从专利权交易中实现收入达1330万美元。此外，新变化还使得大学管理者在高校决策过程中的作用日益突出，在过去这一决策过程可是由学者来主导的（Brint 2004；Washburn 2005）。

表 2.1 《财富》500 强名单里的美国高校，2003

	排名	年度预算（亿美元）
加利福尼亚大学	113	181
哈佛大学	273	69
斯坦福大学	350	50
耶鲁大学	396	42
麻省理工	419	40
杜克大学	459	36
密歇根大学	491	33

来源：Institutional data archive 2003，转引于 Brint 2004：3

当然，并不是要妖魔化企业的角色和商业利益。如果没有它们，从李比希时代再到基因工程的许多重要发现和技术创新也许将无法实现。没有法国牧场主的利益参与，巴斯德将不能开展某些最为重要的疫苗实验。没有经济利益，我们今天也不会有阿司匹林或是汤块（Soup cube）。此外，众所周知，经济利益在学者尤为关心的技术创新过程中发挥了重要作用，因此只有一些可行性强的技术创新方案能脱颖而出，而非所有方案都可以"入选"（Bijker 1995）。

关键点在于理解科研经费来源的变化如何重新配置了科研实践的组织方式，又如何重新定义专家的职业身份并对公众认知技术化科学的过程造成影响。正如物理学家、科学哲学家约翰·齐曼（John Ziman）所写的那样：一旦我们面对的是"私有的、局部的、独裁的、受委托的和专家的"科学，"这和学院科学相比，二者几乎没有什么差别"。这类科学生产知识过程并不一定要公之于众，更多地集中于一些局部的技术问题而并非被普遍理解的问题，知识生产还为管理当局所控制，生产依照专家的实用性目标展开，为的是去解决关键的问题，并非是为了展示专家的创造性（Ziman 2000：78-79）。仅是为了否认这种变化，科学共同体主要代表成员常常作如此反应：诺贝尔得主莱维蒙·塔尔奇尼（Levi Montalcini）在提及研究者联合反对限制转基因研究这一事件时，对意大利电视媒体评论道，"大部分的科学家甚至都不知道什么是跨国公司"。这不可避免地激发了这样一个信念：与商业的关联必然有害于科研活动。

2.3 谁的知识？

变化与其他一些因素共同激发了有关知识产权属性的辩论，并使得辩论复杂化，近几年这些知识产权显著但又并不唯一地贯穿在技术科学化当中。当然，争论的一个重要议题是科研成果能否被专利化。和一般的看法相反，辩论并非是伴随如生物技术这样一新领域的出现而突然开启的。实际上，它深深地扎根于科学技术的历史当中。

今天，科学发现的"个人父权"（individual paternity）

概念已广为人知，但事实上在 19 世纪下半期此概念还尚不明显。当时出现的是科学发现的"英雄观"（heroic ideology）——发明创造被认为是天才和个体灵感的结晶（Boyle 1996，第六章，Macleod 1996）。这以前，"决定论式的"（deterministic）说辞颇为流行，认为研究发现和科学发明是某一探究过程成熟的产物，或是源于工业领域的进步需求；具体科学家或发明家的作用带有偶然性。特别是那些怀着更多平等主义理想的知识分子对此坚信不疑：1767 年，化学家约瑟夫·普里斯特利（Joseph Priestley）甚至批评了把"天才"用在如牛顿这样学者身上的行为，声称这类行为模糊了科学探究的真正本质——"认真和勤勉的"团队合作（Macleod 1996：149）。

两种思想观念的冲撞在接下来的一个世纪里达到了高潮，特别是在英国，持续数年的思想冲突在报刊控诉和辩论中缓慢发酵，"决定论者"反对任何形式的专利保护，而反对者却努力去让专利权更容易获得，并使专利权有更多约束力。对专利的保护带来了研究发现和技术发明的个人英雄观念的胜利，也许还有其他诸多因素也促成了此观念的胜利：第一届世博会的成功举办向世人展现了最新的技术进步，自传作为一种文学形式出现，在许多国家，公民更为普遍的社会需求是要求在宗教圣徒的侧面放上有高度代表价值的世俗人物。那时候，献给某位科学家或发明家的传记文学、纪念碑颇为流行。此乃当时非常显著之现象。比较有名的便是皇家研究院大厅里的法拉第像（1876），而在意大利最为突出的当属伏打（1878）、伽伐尼（1879）、乔尔丹诺·布鲁诺（1889）的塑像①。数年之后（1900 年），依照发明家、企业家阿尔弗雷德·诺贝尔的意愿设立了诺贝尔奖，奖项成为科学创造力和个人天才的缩影，公众也持有同样的观念。然而，将科学发现看成是惯例与合作之产物的决定主义概念并未就此退出历史舞台。在特定的传播情景中，此概念敏捷地修正着英雄主义观念（甚至科学家自己也受此影响），因此"文化成熟"论在科学家中间广为流传，而"天才"观念则成为公众传播舞台上的重要篇章（Brammigan 1981；Bucchi 1998a）。

　　然而，在 20 世纪 90 年代末期，有关知识产权的问题出现了明显的分叉。讨论开始涉及构成生物医学研究所假设的核心重要性问题。根据一些评论家所言，生物医学的快速发展使得某些本是为工程技术创新而设计的专利制度（此制度接着延伸至化学领域）被迅速地运用到了生物学领域中，这样，生物活体也能够被授予专利（Tallacchini 2003）。在美国，该专利制度进入生物学领域出现了第一阶段的不确定性，而美国专利商标局则拒绝了专利制度在生物学的运用，之后，最高法院有关生物

---

① 参见 Eberle（1997）。需要指出的是，这一时期科学家和发明家的肖像大多都是以宗教雕像传统为蓝本（Mazzolini 的个人心得）。

学专利争论的一系列裁定以查卡拉巴提案（Chakrabarty case）达到高潮，此诉讼案无疑打通了生物技术的专利保护之路。美最高法院的决议建立起了两条原则，并产生了基础性的影响。第一，对非生物机体和生物机体的区分没有法律基础；因此，微生物体可以像专利化某种新型瓶塞一样被给予专利保护。第二，工程学、化学和生物学本质上别无二致，差别在于这些不同学科领域里究竟存在什么，而又不存在什么。结果便是爱因斯坦无法将公式 $E=mc^2$ 专利化然而生物学家却可以为他（她）分离或提取出来的微生物体申请专利。这些裁定还得到了来自美国国会技术评估局报告的支持，由此，美国法庭在实践过程中不再对发现者或发明人提供相关证据的义务做出要求：他们不用再证明自己的发明在世界上独一无二，相反，证明申请的某项专利是否已存在的责任交给了相关部门或法庭来处理。默许复杂生物活体和简单生物活体的相等关系促成了1988年致癌鼠（OncoMouse™）专利的诞生：两位哈佛医学院的基因学家将人类肿瘤基因植入老鼠体内，用携带致癌基因的老鼠来研究乳腺癌。专利以哈佛大学和跨国企业杜邦公司的名义注册，其中的商业开发价值不言而喻。此专利的获准为两位高校研究者带来了无数的经费资助，而致癌鼠专利则成为人类历史上第一项动物专利。

近几年，对生物活体的专利授权引起了大量的争论和司法纠纷。对有专利保护的转基因种子市场化招来了某些公共舆论部门的激烈抗辩，它们认为这可能导致农民的贫穷，并且将使农民过分依赖于生产这类种子的大型跨国企业。对将种群基因遗传项目承包给企业做法的大规模调查结果显示，公众对此方面的专利保护问题依旧议论纷纷。冰岛展示了这样的事件，一家承接政府基因遗传项目的公司爆发了财务危机，该公司的股票被许多公民持有，于是乎政府受到了猛烈指责。在美国境外，致癌鼠专利的命运忧喜参半。此专利在欧盟受到来自英国动物权益保护协会的法律挑战，一番喧闹之后，专利终在欧盟获准；而加拿大最高法院却拒绝了此项专利申请。1990年，美国最高法院对约翰·摩尔（John Moore）案作出了判决，裁定摩尔并不对一项专利享有受益权。这之前，病人摩尔的脾脏在加利福尼亚一所大学医院被摘除，研究者从其脾脏中获取了一种细胞系，该细胞系能产生含抗癌物质的蛋白质，此项研究获得了专利（Wilkie 1993）。

随着许多国家在科研政策中制定了创新激励措施，技术化科学产品的知识所有权问题变得尤为突出。在美国，拜杜法案（Bayh-Dole）的通过极大地鼓励了公共部门的科研人员将自己的成果专利化。仅1990和1991两年，自1969年在美国发布的所有专利的三分之一被授予美国高校。研究人员有可能从其研究成果中获取物质利益，这强有力地刺激了科研,也成为支持这类激励措施的信念(虽然并非总是如此明显)。如万尼瓦尔·布什所推论的,这是一条全新的、更加充满活力的纽带,以将科研、技术创新和发展三者联为一体。

反对者明确提出生物活体专利化违背了生命和自然原理,他们担心专利化会使得生物体存在被资本主义机器和市场奴役的风险,反对意见还担心为了大量生产的目的会致使生物体丰富的多样性被整齐划一。这些反对声音也得到了文化认同领域的回应(Harraway 1997)。

从更普遍的层面看,对鼓励技术化科学产品专利化行为持批评态度的人士(特别是科学共同体内部的成员)还认为这会危害知识的发展。害怕错失盈利良机的想法会妨碍一些本质理念的传播,而这些理念才是现代科学发展过程中根本性的、非凡的特征。

对成果专利化危害的担忧还表现在科研成果的可获得性方面,这也是近年来被不断争论的议题之一。问题的根源可追溯至17世纪,当时学者察觉到他们必须花越来越多的时间来跟上其他研究者的步调或是通过购置书籍的方式,抑或是通过书信交换。亨利·奥尔登伯格(Henry Oldenburg)决定依照商业原则以帮助研究者完成此任务。奥尔登伯格并非一名科学家,他把当时一流科学家的论文进行了精选和汇编,创办了《英国皇家学会哲学会刊》(1665)(Price 1963;Bazerman 1988)。

实际上，成果在科学家之间的传播过程是以科学社会学家和人类学家笔下的"礼物经济"为规律的（Hagstrom 1982）。科学家将文章出让给期刊，刊物方可免费刊载研究成果，作为等价交换，科学家可以任意地把刊物复本分发给同行，比如在学术会议上研究者会这么做。而印刷和配送研究成果的人则有必要从中获取商业回报。随着时间的推移，专业刊物的出版商逐渐成为了现当代科学讨论的支轴，特别是在自然科学领域。期刊数量飞涨，据估计，当前在市场发行的学术期刊约 20 000 种，每年有逾 200 万篇文章见刊。学术刊物出版市场集中度较高，近似于寡头垄断格局，主要出版商的市场份额不断增加。学术期刊市场的其他特性还表现为价格弹性低（尤其在某些研究领域）。参阅期刊对研究者完成研究工作而言至关重要，期刊的买方并非是研究者，而是其所在研究所的图书馆——这使得近十年来，研究机构购置期刊的经费开支剧增。根据一些测算，1970 年至 1990 年期间，在美国购置图书的成本增长了 4 倍，这与生活成本指数增长率相符，但同期的科学类学术期刊的消费成本却增长了 12 倍（Butler 1999；Scanu 2004）。

此外，通过专利对知识产权进行保护使科学出版失去了一个重要作用：不注重同行间的信息交流——诚如历史学者迪索拉·普赖斯（De Solla Price）所言，这成为"附属"的功能——而是为了宣布科研成果的优先权。（Price

1963：68）①

在此情况下，1994 年，南安普顿大学（University of Southampton）的心理学家斯蒂文·哈纳德（Steven Harnad）通过电子邮箱向同事陈述了其所称的"颠覆性倡议"（subversive proposal）。哈纳德反问，为何我们不是付费一次，而是三次才能了解同行的研究进展？支付我们薪水的大学和研究机构会进行第一次付费；然后，拨给公共机构和私有机构的科研经费将进行二次支付；最后，当我们要阅读刊载研究成果的刊物时还需购买订阅服务，再次由我们的研究所付费。事实显而易见，当我们的文章见刊时，抑或在我们费时费力承担成果推荐责任时，却一笔报偿也没有得到。订阅费用的增长不仅增加了我们大学的破产风险，还可能会妨碍于对所有科研人员来讲都非常基本的一个步骤：公开向同行证明取得成果优先权。而专利的这一功能并非在所有领域都奏效。

正是这些考量促成了哈纳德的"颠覆性倡议"：通过他所说的"空中文字"（skywriting），或是研究者使用互联网的方式，使得对成果感兴趣的同行能够免费获取研究成果，形成一个学术文章器皿。器皿的入口——筛选论文的条件——应该尽可能的窄，与此同时，器皿的出口——读者数量和读取条件——要尽可能的宽。为保证出版文章

---

① 普赖斯回述道，像开普勒、胡克这些科学家常常将他们的成果加密。这样可以保证在宣布科研成果优先权的同时又不会泄露太多的研究信息给对手。（Price 1963：68）

的质量，科学共同体的同行评议过程应当从严，要把商业出版商逐利行为的影响排除在外。哈纳德指出，类似这种运行模式的电子文档库已经在某些学科出现，比如arXiv，该数据库 1991 年由洛斯阿拉莫斯国家实验室（Los Alamos）的物理学家保罗·金斯巴克（Paul Ginsparg）创办，从事高能物理研究的学者可以将已被期刊接收但尚未发表的论文（即所谓的预印）放到数据库中。仅仅 10 年，arXiv 便存取了约 210000 篇在线文章，供读者免费使用。接下来的几年，相似的电子文档库也在生物医学领域和认知学科领域出现，分别是 PubMed Central 和 Cogprints。同时，完全以网络形式出版的开放存取期刊也在其他一些学科领域内不断发展。

2001 年，为了实现建立单独的一个科学论文数据库以供专家和非专家获取论文的目标，以诺贝尔医学奖得主哈罗德·瓦尔姆斯（Harold Varmus）为首的美国生物学者群体发布了《公共科学图书馆》（Plos）倡议。来自全球的 30 000 名科学家旋即加入到倡议当中。如今 Plos 也是一种期刊（*PlosBiology*），刊物在文章甄选过程方面和其他学术期刊别无二致，都采用了同行评审的方式，不同之处在刊物的财务模式上。因为，无论任何情况下都由研究机构付费——这是 *PlosBiology* 坚持的基本理念——我们会直接向发表文章所属的研究机构请求协助，以此抵消咨询成本。在研究机构无力支付出版费的情况下，刊物也可能会放弃收取费用——因为有来自像维康基金会和乔治·索罗斯的开放社会基金会的经费支持。2003年10月，一些欧洲科研机构在柏林签署了由马克斯·普朗克科学促进协会提出的一份文件。根据文件内容，研究机构认可了由开放式存取在线文档出版的论文，并将对论文的质量作出评价，还同意鼓励机构的研究人员使用文档（Laser Group 2005）。

尽管对此现象所带来的影响少有研究，但显然其影响并不仅限于削减了科研机构的经费开支。类似arXiv或是《公共科学图书馆》文档库的存在已经深刻改变了许多科研人员的日常实践。科研人员访问图书馆可以查阅到相关研究领域内最新发行的期刊。除了像《自然》和《科学》这类交叉学科刊物，其他学术刊物通常是间隔数月发行一期，如今文档库采用逐日更新电子档预印本的形式，以供学者参考（实际已替代了间隔数月出版刊物的形式）。

然而，可存取内容日益膨胀以及信息传播加速可能会造成如默顿等理论家所提出的科学"反功能"（dysfunctional）。获取同行最新研究进展的可能性要对某些情况的发生负责，特别是获取了竞争对手的研究进展。比如当某个研究组发现其他研究组和自己研究问题相同并预期会得到相同结果时，该研究组便会丧失继续前进的动力，而实际上，同质研究可能会出现两方面的效用：对相同问题的研究可以实现在方法和路径上的互补；而重复性研究常常被证实对科研活动颇有裨益。还需要时时铭记于心的是，相同的研究有时可能会得到与预期不同的结果，但结果却很有价值（Merton 1957，1961，1963；Mitroff 1974）。此外，甄选论文时所采用的严格的同行评议机制可能会造成纸板文章和电子文章之间不可争辩的差异。纸质期刊囿于事先制订的出版计划和刊物页码数，实体版面空间受到限制，而许多纸质期刊也因出版短小精悍的论文而著名。刊物对接收的文章进行了大量删减，但网络出版实质上却无空间限制。

历史学家普赖斯笔下对二者显著差别的描述可以帮助我们进一步理解在"免费存取"科学出版物运动和类似 *PlosBiology* 倡议活动中爆发的讨论，讨论涉及了学院科学的一个基础。普赖斯将"小科学"朝"大科学"的转变形容成是科研人员和出版物数量指数倍增的过程。依普赖斯测算，如今在世的科学家数量几乎占到了历史上所有科学家数量的90%。普赖斯以实用主义的方式来定义科学家，"在科学刊物上至少发表过一篇文章的人"，而科学的概念则是由学术期刊所构成（Price 1965：55）。

如果说，为衡量并决定研究人员科研事业的进步情况，我们曾以在专业刊物的发表文章情况作为评价科研人员认可度和知名度的基本单位，那么在后学院科学的今天或是不远的将来，什么才算是"发表的文章"？是在线刊物或是数据库收录的文章？是科研人员网站上的预印本？或是授权的专利？还是在网上论坛的非正式发帖？科学家们对有关获取科研成果的争论饶有兴致，并集体动员起来参与其中——这一现象前所未有，如今却不断重演，本书第三章将会对此现象进行剖析。

2.4　从物理学到生物学

就投资而言，在大科学时代，如物理学这样的学科在影响科研政策、公共知名度以及科研本身方面起到了主导作用。后学院科学时代的来临与生命科学势不可挡地崛起同时发生，生命科学在组织和战略模式上借鉴了物理学的经验。物理学实现了"跃进"，从奥本海默车厢里的"2块黑板、82个玻璃器皿"（在20世纪40年代期间，这可是促使当时美国最顶尖的物理学家们会面讨论的全部研究问题）发展成了大型国际性工程，需要对基础实验设施进行大规模投资。同样的，时隔数十年之后，沃森（Waston）和克里克（Crick）的研究促使了DNA结构的发现，生物学的帷幕就此拉开。大量的投资和科研小组涌入基因项目中。类似规模的变化在生命科学领域发生，促成了早先提到过的学科与行业互动的过程。"基础研究花费成百上千万欧元"，意大利分子肿瘤学基础研究所所长皮埃尔·保罗·迪菲奥雷（Pier Paolo Di Fiore）解释道，"生物技术公司对成果应用的开发花费数千万欧元，医药企业将花费数百万欧元在临床试验上。经费规模越往上调，非盈利组织介入研究项目的空间就越小"（Dell'Oste 2005：9）。迪菲奥雷实际上是研究所的创始人之一，而此研究所乃是科学家和企业家的联合机构，意大利生物技术企业Genextra是机构的投资方。

生物和物理两个学科领域的平衡通常是通过一个明显的"迁移"过程实现的，有物理学背景的科学家投身到生物学研究中。根据某些历史学家的观点，为响应迁移过程同时出现了一种概念化模型和范式隐喻：从某种意义上看，基因代表了现代生物学，如同原子曾经代表了现代物理学（Keller 1994）。

至少是在20世纪70年代中期，生命科学还能重拾科学与公共舆论的"蜜月期"，这一关系曾由核能用于战争和民用而公开决裂。斯坦利库·布里克在电影《奇爱博士》中描绘了冲突的结果，电影中对科学家形象的塑造已经与抽象的爱因斯坦式的天才格格不入，取而代之的是癫狂的科学顾问。电影中这位疯狂的科学顾问甚至凌驾于政治权力之上。某种程度上，此形象乃是物理学家爱德华·泰勒（Edward Teller）的翻版，泰勒是曼哈顿计划的领军人物，该计划促成了人类历史上第一枚氢弹的出现。生命科学作为一门全新的学科只会带来效益，这一形象一直持续到1974年。当年，一群生物学家联名写文要求在潜在风险得以阐明之前，应该停止有关DNA重组的研究。在公共知名度方面，生命科学取得的领先地位从长期的媒体报道内容变化中也显而易见，依此出现了"科学新闻医学化"的概念。从20世纪80年代伊始，《意大利日报》中关于科学的报道文章每2篇就有一篇是关注生物医学的，英国媒体也表现出相同的趋势。公众认知也体现了相同的情况：比如在意大利，对一般公众来说，"科学"和"医学"很大一部分是重叠的（Bauer 1998；Bucchi and Mazzolini 2003；Borgna 2001）。

然而，在大科学时期生命科学和物理学之间是有显著差别的：比如，在利用有限经济资源和设备开展重要研究方面。如今高能物理研究完全依赖大型投资，而与此同时，在诸如生物技术等研究领域当中，大型项目与预算相对有限的项目是同时并存的，但研究并未因此而缺乏影响，特别就研究的实用性而言。2003年，一场巨大的争论在全球科学共同体内部引爆，一些国际顶级刊物（其中包括《自然》、《科学》以及《美国国家科学院院刊》）联合决议对某些学术文章进行"修改或是拒绝接收"，这类文章可能包含潜在的生物恐怖信息，根据文章提供的信息，恐怖分子只消利用简单的设备就可以制造致命性的细菌武器（Vos 2003）。

在某些领域，对生物医药技术的使用渗透到了专业领域之外。早在20世纪80年代末的美国，将检测试纸分发给公众以帮助其进行HIV感染自我诊断的行为便司空见惯，特别在致力于维护同性恋权益的感染者群体中此行为尤为常见（Epstein 1996）。如今，只消用信用卡支付280欧元便可在线购买到一组DNA检测，用于亲子鉴定。购买者会得到一个吸湿盒，用于储存唾液样本，并将存有样本的吸湿盒邮回，15天之内即可得到检测结果（Chemin 2005）①。随着哈佛大学相关技术的成熟，预测到2010年消费者只用支付大约1000美金便可以通过电子邮件获得自己的DNA分析报告，以了解自身基因的患病风险，比如得知自己的体质是否易致癌（Nelkin 1994：29）。

2.5 媒介化的科学

有谁还对冷聚变的事件记忆犹新？庞斯（Pons）和弗莱许曼（Fleischmann）宣布他们通过一种无人尝试过的电解质手段实现了核聚变反应。此反应似乎给廉价和清洁能源的生产带来了希望，两名科学家上了全球报刊的头版头条，接着发生了什么？在庞斯和弗莱许曼讲述他们的实验之前，便遭到来自同行尖刻的批评，认为他们

---

① 自行操作的装置正在该网站销售，http://www.dnasolutions.co.uk。

不应该在成果尚未正式发表于学术刊物之前就向媒体公布结果。大约15年之后，有关冷聚变研究的新闻零星增加，但是把媒体当成研究成果扩音器的行为却层出不穷，有时候媒体甚至成为成果问世的跳板。

过去，学院科学轻视媒体，因为他们认为媒体使普通大众曲解了科学观念，把媒体看成是"污渍镜面"，镜像模糊失真。学院科学采用了"大众化"这一轻蔑的诨名以形容科学在非专家群体的传播行为（Friedman et al.1986；Burnham 1987；Gunter et al.1999）。究竟为何科学如此讨厌与大众沟通，却在权力的走廊上与政治家亲密无间？

与之相对的是后学院科学不断将媒体当做关键的对话方。是否是因为怀疑传播在修复公众理解科学缺失的能力；或是因为前面讨论过的，随着科学界与商业界地不断互动，二者组织模式的相互渗透；抑或是因为察觉到决策者以及资助方不断地需要科学家在媒体中崭露头角，于是导致后学院科学越发依赖媒体？事实上，当前所有的大学或是科研机构都有公共关系办公室，专门负责组织媒体发布会以对外公布机构最为重要的科研活动。不仅如此，相关机构还专门为科研人员开设媒体课程，抑或是为科研人员提供相关指导，旨在提高科研人员处理媒体关系的能力，或者说至少是为了避免学者在受访时陷入窘境。"如果你自觉被媒体给绊住了，或是感到被媒体搅了毫无头绪,一定以此话题技术性太强来切断媒体的逼问。"这是《新英格兰医学期刊》给科研人员在接受媒体采访时的一条建议(Nelkin 1994:29)。

除了技术统治的传教天职外,这些传播活动还有着更为实用的目的,比如为某项研究博得更广的知名度和更多声誉。皇家学会的前任新闻官描述随着科学对媒体态度的转变,"皇家学会目标在于利用媒体报道来达成学会所追寻的结果",此新闻官也是学会最富盛誉的科学家之一(Ward 2007:159)。基于此,2005年,皇家学会向记者发布了一项活动,旨在"处理英国纸媒、广播、网媒对关于气候变化的科学证据误报的问题(Ward 2007:160)。活动以新闻稿、信件和文件为载体,对弱化气候变化严重性的评论意见进行了逐一反驳,活动还采用了"预防性攻击"的战略手段,以破坏否认气候变化之人士公信力为目的的信息被提供给记者;同时,抢占媒体知名度的先机。而皇家学会为《卫报》提供了新闻来源,促成了该报一篇头条报道的问世。该报道曝光了科学联盟论坛(Scientific Alliance Forum)打算发布的一份旨在批评气候变化的报告,指出此报告得到了几家石油跨国公司的资助①。

总之,科研机构与媒体的联系不再是牵强的妥协让

---

① "石油公司资助活动以否认气候变化"(Oil Firm Fund Campaign to Deny Climate Change),《卫报》,2005年1月27日,1版。也可参见 Ward(2007)。

步，科研机构反倒是为了赢得知名度而主动博取媒体的关注。在 20 世纪 90 年代中期，英文日报已经有四分之一的科学报道是基于科研机构的新闻稿写成。近几年，新闻媒体不断裁员，诸多科学编辑部被彻底关闭，与之相对应的是，越来越多的记者以及员工受雇于科研机构或企业的公关部门。据估计，目前德国大约有 60 000 名记者和 20 000 员工受雇于公共关系部门。在美国，公共关系部门的职员数量（大约 162 000 名）目前已经远远超过了记者数量（122 000）。来自公共关系部门的"信息包"为新闻报刊节约了大量开支，报刊可以直接利用"信息包"加工成新闻报道。事实上，估计通讯社约有三分之二有关科学议题的稿件是基于公共关系部门提供的新闻稿以及其他素材写作而成。根据一项有关德国 8 家全国报刊的大范围研究显示，报刊 80％的科学文章只有单独一个新闻来源，但是只有不到三分之一的报道会特别提及该事实。实际上，好几个例子都表明报刊的科学版面被"外包"给了本地大学的新闻处，比如德国弗赖堡的《巴登日报》（BadischeZeitung）。为了在具备新闻价值的科学会议中平衡势微的媒体利用，会议组织者或赞助方会出资把记者请到会议现场，以此引导记者报道会议，这种情况在医学领域尤其常见。依诸多学者和科学记者来看，这些行为容易伤害新闻独立性及媒体批评能力（特别是在公关材料的来源和使用方面缺乏透明度）（Goepfert

2007)。

小说也免不了遭受科学信息资源和科研机构的"殖民化"。譬如，美国电影学院最近联合美国国防部组织了科学家和编剧的研讨会，主题是关于拍摄相关电影以劝服美国青少年在念大学时选择科学类科系就读[①]。

此现象的另一面彰显了一个事实，科学讨论发展为确定的议题之后，该技术化科学将不会再有媒体曝光的机会。媒体曝光反而会在议题存在巨大不确定性以及专家相互争论的阶段频现。传统的线性顺序应该是："调研—与同事/同行非正式的讨论—官方发表结果—与决策者的沟通交流—从相关手册书籍中被正式吸纳存留于对应学科的语料库中——在一般公众群体中流传开来"，这便是贯穿大科学时期科学传播的特征，而这些特征元素却被不断打散、重组。

这类变化随着新兴电子传播媒介的繁荣得以增强。互联网对上述顺序的破坏极具代表性，使得一系列"信息过滤器"的弹性被减弱，过去这些"过滤器"通过一系列学术论坛的方式控制着科学成果从专家流向公众的过程。以"纳米技术的运用"为词条进行 Google 检索，仅第一页返回的结果就有学术文章、广告、政策文件、对纳米技术未来命运的热议以及对技术运用的担心（Trench 2008）。通过加入讨论组或是添加邮件列表的方式，任何

---

① 《纽约时报》2005 年 8 月 4 日。

互联网用户都可密切关注专家间的争论，而这些内部争论过去却不为非专家所知晓。以此，用户还可以了解到"传统科学家"和"怀疑论学者"在具体议题中（比如转基因生物议题）的立场观点。

学术出版物的开放存取带来的上述压力使得研究材料可被非专家群体——病人以及公司——利用，而过去这些材料只能通过特定机构的图书馆才能获得。2003 年，皇家学会成立了专门的工作小组，该工作小组的任务之一便是寻找问题的答案："如果有的话，科研人员应该在他们研究成果传达到公众之前设置何种信息质量把关器或信息过滤器？"（Trench 2008：190）就在几十年前，类似的设问或是表述简直难以想象。在后学院科学与媒体联合而形成的高度竞争化语境当中，允许多向性的传播内容在传统论坛之外的媒介里迅速蔓延，这使得同行评议承担信息传播过滤器的能力遭到质疑。

如今，媒介接触影响传播过程的各个阶段。将公共讨论、专家辩论和政策决议的回路缩短，在某些情况之下，媒介接触甚至渗透到了实验室里。需要强调的是，这种情况的出现并非仅仅是新闻信息流通普遍化的结果，而也受到了科研群体不断向传播媒体施加巨大压力的影响。在实施火星任务之时，国际媒体对此给予了突出关注，当欧洲航天局局长被问及为何欧空局（ESA）反应慢于美国航空航天局（NASA）时，他举例说明了欧空局各部门的职能，并将其当做决定性因素之一。

NASA新闻办能够更为迅速地向外界传播信息，除了其资源更充分、更富有经验的原因之外，还在于ESA新闻办不得不克服众多官僚当局的信息筛选和控制[①]。

一般性的结论便是，新闻生产的套路以及特定的媒体利益日趋影响到了技术化科学的议程设置。大量研究证明，科研人员会留意媒体的科学议题报道：知名纸板刊物《新英格兰医学》上刊发的某一文章一旦被《纽约时报》提及，其学术被引率将有可能增加三成（Phillips 1991）。1998年，波士顿学者犹大·福克曼（Judah Folkman）发现一种通过阻断血液流向癌细胞的方法，堪称癌症治疗的革命性手段，同样是《纽约时报》在其头版的显著位置对成果进行了报道，使得全球媒体不断跟进。美国国家癌症研究所负责人随即宣布研究所对此方法的临床实验具备绝对的优先权。诺贝尔奖得主詹姆斯·沃森甚至盛赞道福克曼"将在两年内治愈癌症"[②]，并将福克曼的发现与达尔文进行了类比。Entemded公司拥有福克曼测试过程中使用的两类蛋白质——血管生长抑制素和内皮生长抑制素——的专利，于是公司在纳斯达克的股价迅速攀升。不久之后，科学记者吉娜·科拉塔（Gina Kolata）称收到了出版商的预付款，书商希望由她来主笔福克曼的

---

① Cordis news，2004年2月17日 http://www.cordis.lu。
② "Cance: Drugs Raise Hopes For a Cure"，*Herald Tribune*，1998年5月4日，参见Revuelta（1998）。

传记。而吉娜便是那篇报道此项发现的头条作者。然而在接下来的几年时间里，福克曼的临床测试毫无进展，重大突破并未如期而至。

确实，有时我们会发现，科学传播在迎合媒体报道的节奏和需求。以人体基因组图谱计划为例，局部的、预期的、甚至是将近的突破被再三重复，这与媒体报道特定事件的需求完美呼应。如果没有这类研究突破的公布，持续数年项目组都将缺乏新闻价值。结果便是，仅《纽约时报》在1996到2001年期间，有关基因图谱项目的报道就多达1069篇，而报道的高峰却不与最为重要的学术事件——成果在学术刊物的最终出版，相匹配峰值却出现在上文提到的2000年布莱尔和克林顿的联合声明期间，该声明许诺项目的主要目标即将达成。

在增强技术化科学个性化方面，有代表性的科学共同体和当今媒体亦会共同施力。这在某种程度上并不仅仅是技术化科学的主角——从霍金到克雷格·文特尔——成为了媒体之星。在最高层面（诺贝尔奖得主，在公共平台独享声誉的专家），知名度成为一张证书，不仅能在政策决议之时被展开，在增加传播平台享有的特权时，证书也至关重要。此外，媒体反响于科研机构而言也是一笔重要资源。媒体反响越大，在科研人员竞聘过程中或是决定科研优先权时，某位科学家的公众知名度越有可能成为其脱颖而出的重要条件。

因此，技术统治的传播方法会进一步衍生出矛盾：多年来，以缺失模型为导向的传播努力使得科学对媒体需求愈发敏感，却没有让媒体敏锐地察觉到来自科学的需求。

2.6 科学无边界

由于行业部分的日趋专业化，学院大科学不断建制化，走向成熟；与此同时，后学院科学展现出了其与众不同的特征趋势，打破了传统界限，即存在于基础研究、应用型研究以及研究的技术转化之间的界限。

在诸如生物技术、纳米技术、信息科学、通信科学等当今重要的科研领域内，科研和科研转化语境的亲近日益成为后学院科学的特征（Faulkner 1994；Gibbons et al. 1994；Ziman 2000；Nowotny et al. 2001）。目前为止管理层面业已明确认可了这种亲近性——譬如，美国专利法认为"发明"和"发现"之间并无差别——而公众观念中，科学研究和技术创新二组概念也是重叠在一起的。这就解释了为何用"技术化科学"这样的术语来指代这一过程。尽管科学研究和技术创新二者之间无疑在分析法上存在差别，但在现实生活中，各方观点——法律章程、决策、市场、舆论——都将二者混在一起，甚至科研和创新领域的领头羊自己也经常将二者一概而论。

学科和专业之间的界限也正在被重新勾勒。上文已经提到过，就概念和人力资源而言，学科之间频繁互动，物理学成就了现代基因学的发展。同样的，控制论科学发展出来的"信息"概念影响到了对基因核心内涵的诠释（Keller 1995）。现今，科研项目会涉及来自不同学科领域的研究人员，采用不同学科的方法已然成为法则，如生物信息学这样的交叉学科应运而生。当今科学界提出的绝大多数问题都需要有大量学科的贡献才能解决（研究疯牛病就需要如兽医病理学、神经生理学、微生物学、动物营养学、流行病学以及农业经济学的知识）。科研机构也不断鼓励开展跨学科的合作，研究经费不光在自然科学内各学科间分配，还在自然科学和社会科学之间进行分配，特别是涉及如疯牛病或是生物技术这样的研究领域。目前，学科交叉乃是最常被美国顶尖高校采用的科研策略之一，为了追求研究卓越性，美国高校也公开呼吁学科交叉。在某些领域，以招募某一专业最出色的研究人员为基础的传统式科研策略被取而代之（Ziman 2000；Brint 2004）。

随着技术化科学的过程不断地嵌入多样的由科研人员、政客、商人、记者、患者，甚至是电脑黑客组成的社会网络当中，学科间的相互渗透性在专家和非专家之间表现得尤为明显。对等网络技术（P2P技术）的发展实现了无中央服务器的信息共享，比如纳普斯特（Napster）推出的音乐共享项目。而此技术的发展也为人类基因研究人员整合来自项目组不同定序中心的科研成果提供了模式（Merriden 2001）。之后的章节将会对非专家——尤其是公民——不断加入技术化科学进程中这一现象进行更为彻底的讨论（参见第三章）。

还有一种更深层次的边界渗透类型，比之前讨论过的渗透类型更为明显和具体：地理边界渗透。毋庸置疑，从建制化以来，科研工作便不断努力以超越国界，因而，相较于其他社会性活动而言，科学研究很早就显现出其卓著之处（Rossi 1997；Merton 1942）。科学家虽然距离甚远，却热衷于彼此间的信息、方法和成果交换，并为此不断保持着联系。科学社会学家发明了"无形学院"这一短语来指代这类共同体的形成（Crane 1972）。诺贝尔奖组织以及之后在中立国瑞典成立的诺贝尔奖管理机构总是强调科学是"全世界的"，它位于任何政治分歧和阵营之上，哪怕是在国家间存在激烈的斗争之时——两次世界大战以及冷战期间——科学的这一属性没有改变。

然而，后学院科学以更为与众不同的方式来诠释这一努力。一方面，通信技术的发展深刻地改变了科研实践，研究组之间合作的空间限制被进一步缩小，复杂的科研活动得以细分，而连续监控长期实验也成为可能。过去，学院科学通过建筑形态的观点使得实验室具象化，因而，历史上建造实验室乃是知识领域建制化的标识，也是学科独立性的象征（Home 1993）。如今，许多学科领域实验室的物质形态已经消失，形成了网络，并不需要许多科研人员在同一场所亲身共现。空间连结的松开反映的是动态式的过程，每一个小范围领域内都重复上演着更为广阔的社会经济全球化进程。于是，我们见证了重要的研发活动被转移到低劳动力成本地区的过程。因而，因特网为实时联系提供了保障，使得为苹果ipod音乐播放器生产微芯片的Portal Player公司得以将其大部分的研究、开发以及规划活动迁移到印度的海得拉巴市。

研究活动被转移至对某一研究的管理相对较松的地区的情况也时常发生：比如人体克隆实验常在如迪拜、韩国等国开展。根据2005年联合国贸易和发展会议的年报显示，新兴国家吸收的投资中来自研发活动的投资数额最大，特别是来自跨国公司的投资。在1993年至2002年期间，跨国公司境外子公司的研发开支从300亿美元增长至670亿美元。同期，大型公司在中国、印度以及新加坡地区的研发投入占总投资额的比例从3%增长至10%。以中国为例，过去十年内，境外跨国企业在华的实验室数量从0增至700间（UNCTAD 2005）。

这些现象是伴随着当前国际科研部门重心转移到亚洲地区的第一信号发生的——历史上研发部门重心最先位于欧洲，从二十世纪下半叶开始迁往美国。使传统集中规划与技术密集产业市场机制结合的研发投资反映出像中国这类亚洲国家的经济在高速增长。近些年，中国空间探测项目迈出载人航空的第一步引起了轰动，而2004年中国联想集团购买了IBM私人电脑业务同样备受瞩目，IBM私人电脑是美国技术的标识之一。

此发展进程逐渐把印度等国的科研机构领到了国际合作协议舞台的中心位置，这一现象也十分意味深长。数十年间，欧洲、美国的科研机构新人才储备库取之不尽，近些年，亚洲大学也着手于从欧洲和美国引进优秀科研人员。据估计，目前尖端技术学科的毕业生当中大约有三分之一都是来自中国、印度和俄罗斯。

袁隆平算是这些变化的一个范式案例而经常被援引。袁是中国的基因学家，被誉为"杂交水稻之父"，他同时持有一家生物科技公司。2000年该公司在深交所上市后的次日，公司股票市值涨至约1000万欧元，创办人身价飙涨（Pincock 2005）。

2.7　科学共同体黯然失色？

埃里克·安格哈德是加州的一位生物信息学家。白天，他供职于一家专注于癌症研究的私企，该企业拥有超越800种基因专利，涉及多类型的肿瘤。闲暇之余，埃里克在自家空房建立的实验室里开展研究。他利用了自己的专业技能，便可用一台不到500美金的设备借助互联网将搜集来的DNA样本发送至专业公司，公司便会返回分析结果。埃里克试图通过生物工程技术培育出一种不带毒刺的蜜蜂，并能生产花蜜。他认为自己是"一名虔诚于绝对研究自由的信徒"（Eudes 2002：25），并随时准备好与自己领域内的激进生态学家进行对抗，也准备好了同阻挠自己研究的联邦法律抗争到底。埃里克最为反对的便是那些他视为具有破坏性的科研商业化行为，认为这些行为是知识自由传播的绊脚石，迫使科研人员放弃了本无利可图却充满前景的探究。因此，埃里克在网络上公开了自己的成果、方法以及软件，供用户免费获取。他还和自己的同事凯瑟琳·尼尔森（Katherine Nelson）共同成立了中央谷生物信息控股集团（Central Valley Bioinformatics Interest Group），凯瑟琳在加入生物技术公司之前曾与伯克利项目组合作，致力于国际人类基因组图谱制作计划。该生物信息公司很快就争取到了约200名成员："生物黑客"（biohacker），黑客们被看成是为了证明自己古怪的技能组合而存在的，该技能组合包括了专业技术、智力技能以及类同于电脑黑客的技艺（Eudes 2002）。

埃里克以及生物黑客的例子肯定不能被视为典型。但是，这一例子却综合了由当下技术化科学的转变所带来的诸多特征，同时也使得历史上科研实践固有的一个特征被问题化："共同体"的成员资格。

这不光涉及职业身份和规范的改变，或是类似从小科学到大科学的转变，也就是历史学家普赖斯所说的"小的科学家……孤独的、长发的天才，在阁楼或是地窖里的工作室慢慢腐朽"被转变成"大科学家……在华盛顿享受荣光"（Price 1963）。所不同的是，当今后学院的科学家在华尔街和好莱坞备受瞩目。最近的这些变化格外重要，因为它们使得一套高度多样化的实践、价值观以及科学家的社会角色的概念得以成型。

我们是否还可以说后学院科学家环境中这里所论及的完整意义上的"科学共同体"是一个更为宽泛的话题（Ziman 2002；Nowotny et al. 2001）？另外，也因为"科学共同体"这一表述如今进入到了评论者和学者的词汇表中，有时该词被简单地用以指代科研专家。然而，如果我们以更为严格的社会学含义来看待这一术语——某个共同体的特征在于其内部成员同质性高，并且共享了一套特定的规范和价值观——会发现把术语运用到后学院科学中似乎并不容易。比如，什么样的职业精神能被当做是科学共同体成员的"黏合剂"？而这一"黏合剂"肯定与 60 年前默顿提出的有所不同，默顿将大科学"建制化的必要条件"确定为如无私利性、共有主义等规范，基于此，共同体以知识普遍增长为名义追求着科研成果，而并非为个人牟利，而成果也只有在与同行以及整个社会的共享过程中才能实现其价值。这并不是因为过去的科学家比今天的科学家更大义凛然。过去，证明严重违背默顿规范的个人行为也并不困难，而这并不会像盗窃撤销了私有财产一样对规范的功能性有任何损害。怀疑主义和对偏离科学共同体行为进行的处分维护了上述规范的价值和功能性。关键问题在于后学院科学的建制化以及其在现实中倡导的实践（比如在专利化或是科研与科研商业化运用日益显著重叠的情况当中）却与共有主义的规范背道而驰，而这条规范却支撑了科学共同体的概念。根据共有主义的要求，"除非研究成果已通过正式出版的形式被发表、传播、分享、并逐渐转化为共有的财产，否则，该成果算不上是科学的"（Zimman 2000：110）。

传统的个人利益和公共知识所有权之间的二元对立似乎走向了瓦解：在变化发生的头几年，一名分子生物学家在接受采访时这样说道，"我可以搞好研究，也可以赚钱"（Etzkowitz and Webster 1995）。"科研人员宣布自己的知识产权权属，并想要将自己的劳动成果进行专利登记无可厚非"，来自欧洲某一肿瘤研究中心的负责人这样说道，"专利的商业转化为科研机构注入了新的资金"（Dell'Oste 2005）。

朝着后学院科学转变的方向并不单一，这使得对新的共同体共享规范的确定进一步复杂化。如今，成果私有化的压力对共有主义发起了挑战，而成果私有化又受到其他一些压力的反作用，比如对进一步公开地传播、共享科研成果和技术创新的创新，这破坏了个人成果的重要父权本质，因此也阻挠了个人荣誉的实现。在默顿规范中，成果的个人父权为共有主义提供了必要的平衡：为了社会的利益追求知识，科学家能获得的报偿是名誉，在某些情况下，科学家可以用自己的名字对某一自然物体或是现象命名（高尔基小体、多普勒效应、库贾氏综合征）。

正如我们所见，后学院科学巨大无比。它由各种运动和亚文化（subcultures）群构成，有时后学院科学还呈现出彻底的"反主流文化"（countercultures）特征，比如在生物黑客以及出版物开放存取运动案例中，特别在最初的"颠覆性"阶段，"反主流文化"特征表现得尤为明显。这些亚文化群的表现经常各不相同，而对亚文化群中科研人员的角色以及他们的职业规范的看法纵使不是互相对立的，也同样表现出千姿百态。此外，亚文化群中的成员身份似乎也颇不稳定：同一位科学家可以顺畅地转换身份，就像生物信息学家埃里克·安格哈德所为，从以盈利为目的的研究组织成员转换成一名拒绝所有权的科学家，或是成为黑客文化圈的一员。类似于巴斯齐洛托基金（Baschirotto Foundation）这样的、专门致力于研究罕见的基因疾病的病患组织,在某种程度上,如今已然发展出了自行运营的科研中心。它们并不鄙弃和私有企业签订的商业协定,以帮助专利进行注册登记并商业化,这些组织的科研护理活动因此能得到资助[①]。

从这个观点出发,把后学院科学的特征当做是学院科学的镜像就显得过分简单化了。在齐曼看来,实际上,我们应当将推论改为,后学院科学是兼私有性和公共化于一身的,关注的是局部问题,却扎根到全球化的网络之中,被委以解决现实问题的任务;同时,在追寻知识的过程中也充斥着理想主义。

职业规范和价值观的混合不仅与被视为科学共同体内部黏合力的观点相抵触,而且也突显了规范和价值观的渗透性。事实上,某一特定的科学亚文化可能是在其与社会运动以及规范的、有组织文化之间的互动中培育出来的,这些互动是在更为广阔的社会语境当中展开的——工业领域、企业集群、环境保护协会、病患小组以及大众媒体——伴随着被组织学学者称之为不可避免的"制度同构"(institutional isomorphism)过程:即在实践与制度模式上与其对话方的趋同(Di Maggio and Powell 1983)。

总之,主要的差别并不在于诸如商业利益等因素的存在,而是这些因素在认同和制度层面上被明确地具体化;此外,还在于这些因素给构造科研动态过程造成的影响。

---

① http://www.birdfoundation.org

比如，在大科学时期，对如名誉和资金等资源的竞争主要存在于专家之间，竞争逐渐扩大到了专家群体之外，在后学院科学时期，外部竞争的回报便是获得政治权力的认可、商业资助以及媒体兴趣，为争取科研资源的竞争还影响到了科研实践本身。

最后，科研的全球化折射出默顿为大科学确定的职业规范是如何深刻地植根于西方文化和传统的土壤之中的。根据多项研究，现代科学的制度发展受到了来自新教特有的价值取向（在对自然的实证研究和个体化研究中兢兢业业，以彰显造物主的伟大；具体的奉献于科研实践活动中的行为是个人救赎的体现）以及资本主义下的个人主义的驱动（系统性、条理性和理性主义）（Merton 1938a；Barnes 1985）[①]。

既然当今工业化的西方世界已经不再是技术化科学进程的主要参照物，那么，就会很难明确该规范是否有能力成为后学院科学无可争议的"黏合剂"。

2.8 ……与此同时，社会并不袖手旁观

社会静态理念与技术化科学的动态理念的对立强化了

---

① 我们一般参照马克斯·韦伯的著名表述，"对科学真理的价值的信仰是某种文化条件下的产物，而并非是人类原始本性的产物"。（Weber 1922：110）。

社会上对技术化科学所拥有的敌对观念。依照此观点，技术化科学不断提出新的方案，却遭到来自社会的挑剔和排斥。但是此观点对技术化科学与社会之间的互动做了过于局限性的解释，即上述两者之间的互动仅是信息和知识从一方转移到另一方的过程。该观点自身的前提促成了一种不可渗透的社会语境的臆想。

然而，上述使后学院科学成形的转变完全不可能发生在社会的真空之中，这再显然不过了。相反，这些转变的绝大部分是扎根于广阔的经济、政治以及社会变化进程中的，对这些进程的描述和分析已超出了本书的范围。但顺便提一句，由地方主义的压力导致了民族国家的转型，权力朝着超国家政治机构的转移，在这样的背景下，可以预见以优先权和政府政策监管力为中心的科研模式将走向衰落，这类模式的高潮是与大科学时期同期出现的。同样地，科研与商业的关系是朝着后工业经济过渡的一部分，后工业经济的特征则表现为灵活性、业务外包、以项目为基础的专项咨询以及科研网络化（Ziman 2000）。

一些学者已经确定了转型过程，标志当代技术化科学时代降临的动态以及广为广阔的社会情景都可以囊括到该转型过程当中（Nowotny et al. 20001）。最为显著的过程包括以下几个方面：

（a）知识生产以及更具一般性的个体、集体决策过程中固有的不确定性将增加，也就是其他学者提出的"风险社会"理论（Beck 1986）；

（b）经济理性将更为普遍地存在，而这种经济理性主要用来过滤上述的不确定性；

（c）通过预期、预测以及情境设定等方式使得时间维度被重新定义，以实时性为核心的通信技术将未来转变为"现在的延长"同样重释了时间维度（详细的表述参见 Gleick 1999）；

（d）空间纬度被重新定义，由于远距离交通的发展，尤其是通信技术的成熟，距离尺度被压缩（Nowotrny et al. 2001：30-49）。

这里将不再赘述这些宏观变化的细节，需要强调的是，这些变化过程的本质也是动态的，随着变化本身一同在改变，这就重新诠释了技术化科学和社会。我们定义为"后学院科学"的结构便是在广泛的社会、政治、经济以及文化变化过程中形成的，又随着这些因素的变化不断得以巩固。

所以，当技术统治论者谴责社会所设置的具体的特征是在抵制技术化科学的进步之时，他们常常忽略了很可能是技术化科学进步本身招致了抵制行为。比如可以试想，从药剂学到整形手术、再到通信技术，科学和技术在诸多领域的发展使得人们形成了一种观念，他们认为自己可以掌控自己的命运——这样的观念大概与在非专家群体中广泛流传的"风险厌恶"情绪有着千丝万缕的联系——而此观念又常常被视作是引进类似转基因生物等创新技术的主要障碍。

随着技术化科学角色中事态的改变以及社会整体的转变,我们理应注意到一些现象,比如越来越多的公民被动员起来参与到涉及科研和技术创新的议题当中,而作为回应,专家也被召集起来踏进了公共领域。本书第三章将对这些现象进行探讨。

Chapter 3

第三章

公民进了实验室，科学家走上了街头

如果人人皆为超级英雄，那么超级英雄将不复存在。

《超人总动员》（*The Incredibles*）

3.1 从两位固执的父母到七千平方米的实验室

法国，20世纪50年代中叶：狄基柏（de Kepper）的儿子死于罕见的肌肉萎缩症。专科医生和医药公司不愿去开展该病理学的研究：前者是出于对治愈抱有职业性的悲观而不愿开展研究，因为成功的概率几乎为零；后者则是因为研发治疗此类疾病的药物需要大规模的投资，却只能从极小部分的患者身上获利，因而也不愿意进行研究。实际上，肌肉萎缩症过去被看做是"孤儿"疾病，被科研、健康机构以及社会冷落。

但是狄基柏一家却不愿不做任何努力而眼睁睁地看着自己的孩子死去。他们与相同遭遇的家庭取得了联系，并同这些家庭一起努力。他们详细整理了有关疾病病理症状和病情发展情况的资料，并相互交换有关如何减轻孩子病痛的实践窍门；学术刊物出版的文章不断点燃起他们微颤的希望之光；他们相互传阅并不断补充的细节信息涉及了治疗的益处和副作用。

1958年他们的孩子离世，狄基柏夫妇与其他承受了相同悲剧的父母共同创立了法兰西肌肉疾病协会（*Association Françaisecontre les Myopathies*，AFM）。协会推动了病患临床数据系统的搜集工作，也促进了系统性临床实验的开展，协会还设立了包括基因信息的数据库，以帮助请斟酌神经肌肉性疾病，也为专家提出相关的研究项目提供了基础支持。此后，协会推出了一项大规模的活动，旨在让公众更多地关注肌肉萎缩症，1987年活动达到高潮，举办了连续30小时的马拉松募捐活动以帮助机构筹措科研资金。

如今，AFM已经拥有了自己的实验室，雇佣了该领域最优秀的研究人员，并与国际最负盛名的科研机构形成了伙伴关系。AFM创设了Genethon研究所，研究所拥有7000平方米的实验室，162名雇员，每年经费多达1730万欧元——85%的经费开支由AFM提供，余下的15%来自哈佛医学院——AFM创建的肌肉学研究所则拥有3500平方米的实验室空间，每年有超过200万欧元的经费投入。AFM还设立了自己的"科研组织库"，从1993年至今，已针对130种病症搜集了9600组样本，为协会研究人员提供了逾60份学术同行评审出版材料。AFM还在欧洲以及非洲地区维护着14个DNA数据库，协会的科研人员或是由协会资助的项目已识别出了超过180种基因类型，增加了对764种病理学机制的认识。2004年，AFM开办的募捐活动为科研和治疗筹集到了

1047万欧元。

类似AFM的协会，或是与AFM有明确关系的组织如今遍及许多国家。意大利也有类似组织，通过马拉松募款的形式，意大利成立了3个科学研究所以及1个应用技术研究机构。2005年，许多研究机构的财务处或是研究项目仅通过募捐活动筹措到的资金总额就超过了260万欧元。在更为特殊的罕见基因疾病领域，从1989年开开，巴斯齐洛托（Baschirotto）基金会便开始资助相关的国际科研组，近期，基金会成立了自己的研究所，雇佣了约20名全职科研人员。

我们又怎么能用像AFM协会这类的现象来解释所谓的科学与社会之间的"文明冲突"？面对这类或其他一些情况中出现的专家和普通公民的善意互动，我们又怎么可能把社会看作是在抵制和阻碍技术化科学的进步呢（这可是技术统治的观点和行动所坚信的事实）？因此，难道是社会反应迟钝，要隔天才会表现出另外的反应？抑或只是AFM并没有展现出专家站在一方，无知公众和反科学公众站在另一边的对立与格局，完全没有领会将科学带入社会和公民日常生活的动力，或是这种动力在过去十年中把社会和公民引入主要的科学领域。

正如我们在AFM案例中的所见，公众热情参与支持科研，这并不仅限于"外部"支持，还触及了专业技术的核心。这是更为普遍现象的一部分，这些现象增加了下述尝试的复杂性：减弱技术化科学给传统技术统治体制造成的冲击。非专家渴求参与、涉入到有关科学和技术带来的问题当中，并渴望针对问题发出自己的声音，而这种诉求也不断被满足。在特定的情形中，传统置于科研领域之外的传播层以及社会行动者能够在诠释和鉴定科学知识时发挥作用（Irwin and Wynne 1996；Bucchi 1998a）。然而，如果对此要素进行评估会发现，该要素不仅能对科学的社会角色产生明显冲击，还深刻影响到了科学知识生产的过程。

当然，因为这类情况还只是新兴现象，其特征还含糊不清，而要对什么是"公众参与技术化科学"给出准确解释也并非易事。实际上，该问题几乎同时也在社会行动、政策倡议、学术分析等领域出现，这就让阐释问题的困难度又复杂化了。再者，"公众参与"这一术语将会呈现出千变万化的情形和活动，这些活动要么是自发的，要么是有组织、有结构的，非专家群体参与其中，对议程设置、决策、政策形成、技术化科学领域的知识和技术生产过程施加影响（Callon et al. 2001；Rowe and Frewer 2005；Bucchi and Neresini 2008）。

3.2 沃本市的儿童白血病："混合型论坛"和知识的共同生产

20 世纪 80 年代早期，马萨诸塞州沃本市的居民们对自己孩子异常高的罹患白血病的概率忧心忡忡。居民们开始在晚间汇集到一起，共同商讨这一担忧。其中的一个居民发现有工业厂家在离城市居民区不远的地方倾倒化学污染物。卫生当局接到投诉后，官员和专家却再三向居民保证，认为他们的担心是多余的。然而，当地居民坚持不懈，他们把倾倒在该地区化学物中含有的潜在有害物质给存证起来，并不间断地对患病孩童的病状信息进行搜集整理，他们还自掏腰包请来了专家，并提起了诉讼，讨论进入了公共论坛。居民不断设法让官方重新关注案件。麻省理工学院的专家刚到小镇便拿到了居民整理好的病案材料，其中包含了对白血病患者以及其他肿瘤患者超过 5 年监测而搜集得到的信息。在获得病案材料之后，专家便开始对此进行研究，其结果是发现了"三氯乙烯综合征"，该病（由倾倒在沃本市附近的一种化学污染物引起）会对人体的免疫系统、心血管系统以及神经系统造成破坏。其后，美国的其他一些地区相继发现了此种疾病（Brown and Mikkelsen 1990；Callon et

a. 2001）。

在类似沃本市和 AFM 的案例中，公众被迫肩负起了技术化科学的使命，我们肯定不能把他们看成是惰性群体。我们也不能以某些技术统治论支持者的方式来修正这一理论的缺陷，在理论拥护者看来，尽管公众对技术化科学的讲授全然不知，但是他们也必须洗耳恭听，不是因为别的什么，而是出于某种抽象的民主原则要求公众这么做。此事另当别论：在沃本和 AFM 案例中，病患以及其家庭成员的"地方性"知识并未对技术统治缺失模型提出的有效传播过程形成阻碍，而各色民间知识也并未给专业知识抹上了"决策正确"的涂层。根据一些学者的观点，这些事件是知识共同生产的代表，在共同生产过程中非专家作用于技术化科学本身的知识生产显得至关重要。专家知识和本地知识并非是在分裂的语境中独自开展生产，然后彼此邂逅。它们二者源于共同的过程，在专家和非专家得以互动的"混合型论坛"当中产生（Callon et al. 2001）。

知识联合生产在生物医学研究领域表现得尤为明显，病患组织不断参加到科研议程的制定中。在艾滋病研究案例中，联合生产表现得尤其突出，学者对其作出了详尽分析。药物有效性的测试方法以及用来指代疾病的术语选择需要与活动家和病患组织进行协商〔艾滋病最初的名称为 GRID（Gay-Related Immunodeficiency Disease 与同性恋相关的免疫缺陷综合征），此名称在美国同性恋权益协会的压力下得到了改变〕（Grmck 1989；Epstein 1996）。20 世纪 80 年代中期，艾滋病患者参与到抗病毒药物齐多夫定的临床实验中（于是该药物被认定可能对病毒有效），这有助于实验过程，并产生了显著影响。比如，无效药物通过实验被筛选出来，并被治疗方案抛弃，这就使得美国食品药品管理局加速批准了齐多夫定进入市场。另一种用于治疗艾滋病并发症卡氏肺孢子虫肺炎的喷他脒气溶胶药物的第一例人体实验也是在活动家群体中开展的，因为科学家群体无人愿意接受此实验。1989 年，喷他脒气溶胶得到食品药品管理局（FDA）的批准，这乃是历史上第一例只以根据社区样本开展实验而搜集的数据为基础就批准上市的药物（Epstein 1995）。

1998 年，在意大利，癌症病患以及其家庭成员群体爆发了抗议活动，接着，肿瘤学家发现他们自己正在进行一种抗癌治疗法的实验，即所谓的迪贝拉疗法，而这种方法早就被科学家摒弃了（Bucchi 1998b）。

然而，上文提到的 AFM 案例则更具有代表性：案例中的患者家庭不仅是对科学和政策施加压力，更是直接参与到临床数据的搜集过程中，随着 Genethon 研究所的建立，一组系统性的基因图谱得以产生，被运用到了多种肌肉病变的研究中，对该领域的科研产生了深刻的影响，而迄今为止政府研究的主要倡导者还认为这是不可思议的。许多受雇于 AFM 的科研人员既是基因学家也是儿科医生，因此，实现了科研与日常治疗经验的良好结合。

这类协会日益成为技术化科学知识传播的重要把关人。1997 年，成立巴斯齐洛托协会的夫妇读到了一篇来自日内瓦大学的研究者的学术文章，他们确定文章所描述的罕见疾病症状和引起自己儿子死亡的疾病症状类似。几天之后，他们将自己孩子以及其他一些病患（这些病患与该夫妇保持着联系，并共同资助协会）的生理标本送到了日内瓦大学的研究者手上，这为研究进展提供了莫大帮助。通过其他的一些科研计划和资助项目，协会推进，甚至有些时候迫使实验室之间的合作与研究物质交换，解消了科研竞争有可能带来的阻力。"试想一只被用于异染性病变研究的转基因老鼠要花 6 个月运到米兰"，巴斯齐洛托协会的建立者朱塞佩·巴斯齐洛托（Giuseppe Baschirotto）说道，"通过威胁撤资的方式，我们迫使实验室开展合作，因为既然已有一只转基因鼠可供使用，再花更多的钱来培育第二只的做法显然行不通。"①

尽管这些组织不全然相同，但是非专家参与的形成表明如今公众舆论动员人们介入到技术化科学议题之中的例子日趋增多。尤其是从 20 世纪 90 年代后期伊始，公民以半组织化的形式表达着自我诉求，希望能更密切地参

---

① Original Interview，2005 年 8 月 19 日。

与到有关科研和技术创新发展的决策中去。该领域最为活跃的当属"新社会运动"(new social movement)以及 NGO 组织。实际上,此两种现象休戚相关:NGO 组织为新社会运动提供了重要的组织支持,成为征募运动参与者的主要渠道,与此同时,新社会运动赋予了 NGO 组织知名度,使得 NGO 组织在干预决策过程时更有效果(Della Porta et al. 1999;Diani 1995;Della Porta and Turrow 2004)。地方抗议形式也不容忽视,这些抗议活动常常以关爱健康和保护环境为宗旨,对它们认定有害于当地环境的工程选址进行抵制(污水处理设施、输电线路、移动电话天线、发电厂)。尽管这些运动是否属于新社会运动仍然有待讨论,但是这些抗议活动确实表达出了明显的公众希望参与到涉及高尖科学技术内容的议题中去的诉求。

新社会运动和科学的关系特征被以一种显著的矛盾情绪刻画出来。根据社会运动的理论家的观点,这类运动的显著特征在于,它们在构建个体和群体身份、定义对手、形成带有某类立场的世界,并将这个世界从备选位置推举到主要位置时所采用的方式方法(Toraine 1978,1985;Melucci 1989,1996;Castells 1997)。

可以明显地看出,科学和技术与以下三个特征都息息相关。首先,科学和技术通常是新社会运动集合起来对抗的"敌人"之一。第二,科学和技术被看做是统治权力的工具，对全球化的负面影响负有责任，特别是在当今科学研究和经济利益的联系不断受到指控的情况下（参见本书第二章；Etzkowitz 1990；Fintowicz and Ravetz 1993；Ziman 2000）。最后，再次以生物技术的例子作为范例：科学得到了跨国企业的资助，科学受制于企业，而这些跨国企业对环境的未来构成了威胁（破坏了生物多样性），危害到了人类的健康（有害物质的排放），并使得第三世界国家更加依附于工业化国家（侵蚀了发展中国家以小规模农业为主的社会基础）。于是，公众视科学技术为大敌，自然要对其进行抨击。

但是，科学技术也为新社会运动自身身份、组织以及行动提供了资源。事实上，对当下发展模式以及主要经济范式的批判都是基于数据而产生的，这些数据通过科学分析和预测而得到，涉及环境和社会资源的折耗（Moore 1995；Yearley 1995）。此外，新社会运动不但倚重于最新的传播技术，而且还充分利用传统媒介，以介入公共领域，并对政策施加压力。这种与科学技术含糊不清却深切的联系使得新社会运动在生产科学知识本身时起到了重要作用，而环保活动家发起的社会运动对生产科学知识的作用则尤为突出。

参与发生在不同的层面。首先，为了拥有自己的科学家并进行独立的科研活动，一些NGO组织设立了实验室并购置了科研设施（Yearley 1995）。还需要被提及的是由大学或是 NGO 组织网络成立的"科学商店"（science shops），这样协会和公民团体便能从大学或是其他科研实体购买到研究，"科学商店"中某项研究的标价低于市场。在 20 世纪 70 年代，科学商店体系最先由荷兰的大学发起，随即蔓延至欧洲、北美国家，乃至远东地区，在这些地区"让科研重新与社会需求相匹配"的初衷以不同的方式逐渐衰弱。比如，以更为成熟的荷兰经验为例，"20 世纪 70 年代，科学商店以一种逆文化现象出现，然而到了 20 世纪 80 年代末，科学商店已然成为了高校组织的常规配置"（Wachelder 2003：253-4）。此外，英语国家定义了一种"以社区为基础的科研"（community-based research）的复合现象，"以社区为基础的科研"由公共参与构成，公众不只参与到了具体的科研项目中，在科研政策的制定过程中，他们的身影亦随处可见。科学商店则可以被当做是对这类复合现象的一种解释（Sclove 1998）。特别值得被提到的一个例子便是"日本公民科学"（Japanese Citizens for Science）协会。此协会颇为有趣，因为它涉及一个国家性的语境，而传统意义上这个语境并不利于公民的调动。这是一个完全依靠会员费支撑的社团，它为会员传送有关技术化科学议题的时事通信，针对最新的技术化科学议题组织专家参与研讨会，同时协会还会委托独立专家开展专门性调查，比如，协会曾经的一项调查发现，日本公共电视网络所使用的发射机的辐射值超过了法律所允许的范围①。

通过促使科研工作与自己的信念相吻合，新社会运动和 NGO 组织直接参与到科学知识的生产过程中（比如对待动物实验等）。它们以鼓吹某种理论为手段来实现自己的目的（最为有名的便是盖亚假说），并对科研政策施加影响。最后，新社会运动有时会将自己推到"真科学"拥护者的位置上，对它们认定的科学共同体与政治权力和经济利益结盟的行为加以劝导，以帮助共同体恢复其中立性和独立性——"以提倡生活的科学来反对将生活置于科学之下"（Castells 1997：127）。

3.3　技术化科学在法庭上的争辩

詹森·多伯特（Jason Daubert）和埃里克·舒勒（Eric Schuller）提出指控，认为一种名为 Benedictin 的防晕船药物导致了自己天生畸形。他们的母亲曾在怀孕期间服用该药物。1956 年，Benedictin 获准上市，到了 20 世纪 70 年代，该药已被广泛使用。尽管相关临床文章曾经指出其有可能造成严重的天生缺陷。在 1977 到 1992 年之间，超过 2 000 名患者起诉了麦若·大沃医药品公司（Merrel Dow Pharmaceuticals Inc.），却只有极少的一部分

---

① http：//www.csij.org

诉讼得到了法庭的裁决。多伯特和舒勒的诉讼便是其中之一。八位专家根据体内、体外实验的结论支持了多伯特和舒勒的诉讼。药理学分析显示 Benedictin 与其他一些畸胎剂药物在结构上具有相似性，对多种流行病研究的综合分析也得出了相同结论。但当地法庭却认为这些证据不足以把案件就此交给陪审团，因为制药公司开展过三十余项流行病学研究都并未显示药物和胎儿畸形之间存在显著的关联。在上诉阶段，法庭认定原告提交的相关数据和流行病学结论难以被采信，因为这些成果并未刊发于学术期刊，也并未经过同行评议。因此，最高法院裁定，在决定"科学证据是否可以被接受，并能有效证明因果关系"时，法庭应当采信的是能够证明 Benedictin 与多伯特和舒勒先天缺陷有关的标准化证据，而并非那些貌似可信的结论（Solomon and Hackett 1996：135）。迄今，大多数美国法官采用的标准是佛来法则（Frye Rule），法则在 Frye V. US 一案之后被如此命名，其规定法庭通过测谎仪测试而搜集来的证据不具备有效性。形成这一决议的基础在于，科学证据的方法学基础和理论基础必须"被有效建立，以保证其能够被所属的特定领域广泛接受"[①]。为了对决议作出回应，科学家、协会组织、科学研究院（其中包括美国科学院以及美国科促会）、科学期刊（《新英格兰医学杂志》）、律师、法官以

---

① Frye v. United States（1923），引自 Solomon and Hackett（1996：135）。

及相关公司递交了大量备忘录，这些备忘录有的支持原告，有的支持被告方。

美国最高法庭对多伯特议案的裁定承认了科学共同体同行评审的重要性，也重申了陪审团在审讯过程中评估某一具体信息能否被当做"科学证据"时所发挥的核心作用（Solomon and Hackett 1996）。

类似多伯特案件中的司法审判结果表明，专家知识和外行知识互动的第三个重要领域出现在了法律平台。在严格的运行层面科学方法和结果被运用到司法系统当中从而对知识生产的动态过程产生了影响，这样的案例日趋增多。1991年，一名研究人员声称自己承受了来自美国司法部官员的强大压力，对方要求自己放弃一篇学术文章的出版，该文章指出用DNA测试来确证作案者身份这一方法不具备可靠性。官员认为，文章指出这类被广泛采用的测试方法的非正当性会让律师引火烧身，使其陷入危险的争论之中（Roberts 1991）。

更为普遍的是，在过去十年，仅把科学技术作为司法实践的一种工具的（technicist）观点已然被取代，新的观点认为，法律不光把科研用作工具，而是积极参与到了科研过程中，比如，法律对可专利化的科学发现作出了解释，并对科研专家作出了司法界定，甚至还阐明了什么样的证据被认作是"科学证据"（Jasanoff 1995；Mackenzie 1993）。实际上，在2005年9月发生在宾夕法尼亚州哈里斯堡市的"基茨米勒诉多佛地方学区"案例中，法庭被要求认定"智能设计"（intelligent design）的论点究竟是一种科学理论还是一门宗教信仰。

科学社会学家和法理学家对这一过程进行分析，他们将法律被创造出来的环境描述为是科学和法律的共同生产，而这一环境尤其促成了法庭对某一问题的最终解释。共同生产是在具体的语境中展开的，该语境的特点表现为：其一，"在司法过程和体系中，信仰被侵蚀"；其二，"公众常常对技术专家以及非民主的当局表现出不信任"（Jasanoff 1995：4）。因此，法庭用来开展实验是为了不委托专家来自行解决社会达成认同的问题，同时，法庭开展实验亦是为了明确地指出什么应当被认定为事实，而认定的基础和过程又是什么，这一任务可以是法律意义的，也可以是科学层面的。法律的颁发赋予公民反对一般神经系统标准的权利，在新泽西健康状况的案例中该标准被用来判断脑死亡——这与个人的宗教信仰相左——因而，为某种脑死亡多元化解释的出现提供了空间（New Jersey Statue 1991；Tallacchini 2002）。这里体现的民主概念获得了一种不同于以往的涵义：多数服从少数的决策过程不再受到专家知识的霸权驱使，而是采用某一步骤对多种选项进行仔细审查，这就使得决策更加透明，却又不至于影响其效力。

由此可见，美国法庭的司法实践一方面对不同的专家意见直言不讳，另一方面还"引出了对不同专家意见背后潜在的规范性、社会性评论，以此允许非专业人士参与到智力评估过程中去"，这对公民科学文化的构建具有重要作用（Jasanoff 1995：215）。

3.4 从使用者到发明者

20 世纪 70 年代中期，风帆冲浪爱好者为了第一届国际冠军赛齐聚夏威夷，他们开始不断表演各种高难度跳跃和腾空翻滚动作。因为腾空过程中不能紧握住冲浪板，许多特技表演致使表演者受伤。因此，风帆冲浪只是属于那些不计后果爱好者的一项运动。其中一名叫做拉里·斯坦利（Larry Stanley）的冲浪选手想出了一个办法，在冲浪板上附上脚套：这样一来，冲浪选手能够腾空跳跃却又不让冲浪板离脚，选手甚至还可以在半空中变换方向。到了 1998 年，定期的风帆冲浪者人数已然超过 100 万人次，全球各地出售的冲浪板大多都安装上了由斯坦利引入的脚套（Von Hippel 2005）。

诸如此类的例子同样出现在其他技术领域，在技术领域，不同行动者参与到知识创造过程中显得愈发重要。技术也为具体的讨论提供了保证，因为它常常是这里所说的其他互动形式的背景。比如，试想群体动员过程中新媒体所发挥的重要作用，或是因特网使得罹患罕见病的病人及其家庭间的信息搜集和交换成为可能。在 20 世纪 90 年代初期，亚马逊流域的卡雅布（Kayapo）部落成员采用廉价的便携式数码相机拍摄视频，以召集分散居住在广袤地区的村民来抵制水电站工程。部落将视频披露给大众媒体，于是，全球公共舆论得以知晓事件，通过这样的方法，大坝工程被迫停工（Turner 1992）。

许多研究也已证实，用户不只是以多样的方式卷入到了技术的使用中，还介入到了技术开发和知识创造的过程，为理想技术的实现提供了可能。实际上，制造品可以被重新诠释，并进行二次组装，在具体的情形中，产品实则经过了用户的彻底改造；设计过程本身会对用户的需求和观点进行吸收（Kent 2003；Pinch and Oudshoorn 2003；Eglash et al. 2004）。为了重复具体的音乐内容，密纹唱片得以产生——以在年轻的非裔美国人群体之中诞生的说唱音为例——通过"刮唱片"，能生产全然不同的声音（Goldberg 2004）。

还有一些案例则体现出了完全的用户创新社群的形成——比如，开源软件和自由软件运动——用户参与到创新过程中，根据终端用户的需求改造原始产品，新知识的共同生产再次由此形成（von Hippel 2005）。一些兼保护消费者权益和影响创新过程于一身的组织的重要性也日益凸显，这些组织能更加确切地反映消费者需求。如今制造企业更多地利用非正式资源（比如针对某一款产品而出现的讨论小组和虚拟社区），甚至是对非法下载和文件传输进行监控，以便获得其产品的优缺点信息，并为如何提升产品寻找思路。在某些情况中，企业还吸收了由用户设计的产品变体和解决方案。

很难判断这些过程是否导致了某些学者所说的"技术创新民主化"（von Hippel 2005）。然而，可以确定的是，在当代社会以及技术领域，有关创新过程的探讨不仅限于传统意义上推动技术前进的动力和抵制技术进步的社会阻力之间的二元对立，这种传统的对立观并未认识到技术革新者和技术使用者之间的区别已经日趋模糊。

另一种"混合型论坛"并不常见，却耐人寻味：科学家和艺术家之间的合作。近几年，维康基金会（Wellcome Trust）这样活跃于科研领域的重要机构成立了桑格研究院（Sanger Institute），这是欧洲最为重要的生活科学实验室之一。该研究院发布了计划专门用来鼓励科研人员和艺术家之间的合作。其首要目标则是开拓多种形式的艺术表现（喜剧、舞蹈、表演、造型艺术），以激发普通大众对科学的兴趣。然而，久而久之，这些项目已然被当做是开发艺术家和科学家二者创造力的手段，前者从科学中找到了灵感和素材，而科学家则在与艺术的互动当中有机会探索自己全新的研究方向。由维康基金科学-艺术计划资助的有关视觉失认症的项目证明了这一点视觉失认证对视觉产生了损害，继而损伤了大脑皮层。与此项目合作的艺术家制作的相关视频使得科研人员开始重视研发新型视觉失认症的诊断工具①。大量的研究机构，从NASA到施乐帕克研究中心（Xerox Parc Palo Alto）都有"艺术家驻扎"。艺术家与科学家一同工作，得以用自己的语言重新诠释研究机构的科研工作，由此来激发科研人员从一种不同的视角对自己的研究工作进行反思②。

上文描述的"混合型论坛"的主要类型——患者协会、新社会运动、法律、艺术和科技——并不"纯粹"，各种类型之间的区别不甚明显，这些语境在技术化科学的共同生产中不断地相互作用。上文还提到过，技术不仅是互动的领域，还为非专家之间，以及非专家与专家之间的互动提供了装置，并促进了这些群体之间的互动。试想，协会组织和受同一疾病影响的非正式病患网络是如何利用互联网进行大量信息和意见交换的。但是有一点也适用于其他论坛，从一个论坛转移到另一个论坛伴随着的知识共同生产过程日趋增多。集体动员可以招致司法事件，反之亦然；而抗议活动则可以引起患者协会或是公民协会委托他方开展研究或调查的行为。

---

① http://www.wellcome.ac.uk/sciart
② 这些机构的部分名单参见 http://www.artistinresidence.org。当然，就科研机构的公共知名度而言，这些创意对机构的知名度也产生了影响：比如，所有的国际性媒体都报道了NASA遴选了著名音乐家和多媒体艺术家劳丽·安德森（Laurie Anderson）充当机构第一位"常驻艺术家"这一事件。

在混合型论坛和上述联合生产过程的影响日益显著的情况下，科研人员和运营者的注意力已聚焦在了多样的创新措施上，这些措施则专门致力于促进公民参与科学和技术议题。

3.5 众人同座一席：在技术化科学领域推动公民参与

1996年11月，一场非同寻常的会议在哥本哈根举行。60名专家、60位政客以及60位公民共同出席了会议。会议讨论了一个严重的问题：从丹麦地下蓄水层中萃取的水源质量日益退化。在某些地区，这些水源已经不再可以被当作饮用给水。大家普遍认为，问题的根源在于农业杀虫剂和化肥的使用，然而，在此会议之前，基于争论的各方而开展的讨论尚未成形。环保组织坚信只有转向有机农业才能解决问题，必须对所有可能引起水源污染的物质都加以禁止。

化学工业和农民却辩称未见明确的证据可以用于佐证水源存在污染。他们还主张，目前的污染是由于过去的一些产品使用造成的，而这些产品早已退出市场。因此，他们建议循序渐进地减少农业化学品的使用，还强调了限制杀虫剂和化肥这类措施会造成经济成本的上涨。自来水公司和市政当局部门从自己的立场出发希望通过减少土地开发以保证饮用水的质量，主张给予当地有关部门更多的权力以因地制宜管理水资源。

会议之前，与会各方都收到一份有关饮用水和蓄水土层的文件。接着，他们聆听了为解决相关问题而拟开展的五个项目的概述，这五个项目分别由丹麦农业委员会、丹麦农业化学协会、丹麦地方政委会协会、一家致力于地下水源保护的环保组织和丹麦供水协会主导。在每个项目陈述之后，与会者可以要求发言人对项目做出进一步澄清，或向发言人提出相关问题。接着，与会者将对项目进行投票：由丹麦农业委员会提出的项目方案胜出，其票数稍多于环保组织提出的方案。最终的报告提交至丹麦国会成员，并通过新闻发布会予以公告。

这便是由丹麦科技委员会所组织的"表决会议"，丹麦科技委员会是一家专门针对科技开展参与式评估的机构，以此，为国会制定方针政策出谋划策（Joss and Bellucci 2002）。

尤其是自20世纪90年代中期以来，地区性的、国家性的、国际性的公共机构以及许多国家的NGO组织致力于公民参与，保证公民能参与到具有潜在争议的科学技术议题当中，如转基因食物、基因检测、交通技术、臭氧空洞等都属于这类议题①。政治机构同样关注"公民参与",将其看成是科学研究和技术创新领域中一项必要的政策准备,特别地,在高度敏感的科研领域,"公民参与"更是得到了特殊考虑,像生物技术、放射性废物处理设施选址,或者更普遍意义上的可持续发展问题都属于高度敏感问题②。在某些国家已经成立了专门的机构,以代表国会、政府针对即将出现的技术创新开展"参与式技术评估",比如瑞士就有这样的机构(Joss and Bellucci 2002)。

在各种各样的背景中,我们都可以找到公民参与到技术决策过程的例子,甚至是在某些地方性的环境中。而在有关卫生政策的制定中,公民参与尤其突出。在加泰罗尼亚,当地的卫生委员会多年来通过各种手段尝试着让病人以及其家属参与到一些具有潜在冲突矛盾事件的定论当中,比如医院优先候诊规则的建立问题。通过焦点小组访谈以及其他一些咨询手段,在考虑白内障手术或髋关节置换优先权建立标准时,医学、医务人员的观点和患者、家属的观点之间能实现协调。以此,对医师而言重要的标准——比如,病痛的相对严重性——便可与其他患者所考虑的条件达成平衡,例如患者需要考虑其自给自足能力,以及依赖家属为其日常需求提供支持的能力(Espallarues et al. 2005)。

---

① 在这个问题上,有关"审议民主"的广泛争论可以参见如 Bobbio(2002)以及 Pellizzoni(2004)的论述。

② 参见,如有关转基因生物体进入环境的欧盟指令 2001/18/EC,或是联合国的"Agenda 21"文件(http://www.un.org/esa/sustdev/documents/agenda21/index.htm)。

在技术领域，意大利最先的举措是 2004 年在伦巴第举行的带有实验性质的"共识会议"。由约 15 位公民组成的两个小组参与了会议，与会公民甄选基于一系列标准（性别、年龄、居住地、文化程度、非环保组织成员、非科研机构工作者、非生物技术公司员工），公民被带到一起参加了一整天的讨论活动，讨论主题乃是伦巴第是否应该开展转基因生物的旷场实验。在讨论开始前，第一组的成员听取了科学专家和"机构"利益相关方（譬如，地方性咨询委员会成员）的报告。第二组成员则先开展自由讨论，讨论后成员可以从科研专家和利益相关者名单中选出三位"证人"，并对三人进行询问，以此，第二组成员的一致性结论得以形成。最终成形的文件实质上同意了转基因生物在提供保证的情况下开展旷场实验，该文件被递送至相关地方部门（Pellegrini 2004）①。

为推动公众参与进科学技术领域的活动提供自助的机构常以扩大公民权利和民主参与的名义来证明其行为的正当性。有时，这类行为的基本原理以更为复杂的理由被呈现出来，认为科学研究和技术创新的进步对民主的基本形式和步骤形成了挑战。因此，需要提供新的论坛和契机，以确保复杂的技术化科学问题的提出能够不以牺牲当代民主需求为代价。然而，于主办方而言，他们或多或少暗自希冀，公众参

---

① 这场有关转基因生物的实验性共识会议是为伦巴第地方行政机构而开，由 GianninoBassetti 基金会联合 Observa 科学与社会协会和研究中心主办。

与的契机能预先阻止公众针对科学技术领域的敏感问题爆发热议，并盼望能重建公众对科学日趋下降的信任感。实际上，许多涉及科学和公众参与的举措都是在针对特定议题爆发了公众舆论动员之后方才得以施行的，譬如，2003年英国出现了大范围的有关"转基因国家"的争论（Jasanoff 2004a）。以上述或一种更为嘲讽的视角看，在某些情况下，把公众参与简单看成是为业已形成的决策过程提供了更为牢靠的公众合法性（Callon et al. 2001）的期望或许能被明确地表述为：推动公众参与的机构在某种程度上把自己定义为"控诉方"，认为自己控诉了其他一些与技术统治相关的带有传教色彩的举措。参与者和评论家却开始对这种看法心存怀疑。

这些受到资助的旨在促进公众参与科学的措施以多种形式开展，但都以以下几方面为参照：

（a）参与者的数量、性质、筛选过程、时间期限、地域范围；

（b）公众意见被搜集和整理的方法；

（c）公众意见在多大程度上可能对政策决议形成约束；

（d）利害攸关的议题类型（Rowe and Frewer 2000）。

譬如，在规则制定的商讨实践中，参与者可能是利益相关方（"当事人"有：企业、环保组织、消费者）的代表，或是在"共识会议"中（20世纪80年代最先由丹麦尝试的模式），普通公民被选为公众的代表（依照某些标准）。参与者的数量或许非常少（公民陪审团），也可能非常多（公众舆论调研）；活动可能只需花费几分钟（公众舆论调研），也可能持续数月（公众听证会、规则制定商讨）；活动的地域范围可以是非常本土性的，也可是全国范围内的，甚至是跨国的（相对罕见）。用来获得公众意见的方法可以是多项选择问卷、主持讨论或是参与者的自由讨论，也可以是专家证人提问、机构代表者讲演、专家证人报告或是利益相关方的陈述。参与者的意见可能对决策者形成严格约束（比如公民投票），也可能只是为决策者提供了附加的决策支持（共识会议、公民陪审团），甚或可能无非只是公众意见的一部分，并不会被最终的建议所采纳（公众听证会）。

讨论主题可能是非常一般性的话题（1996 年，丹麦组织的一场以"消费和环境的未来"为主题的共识会议），也可能是某一单独的议题（基因检测、转基因食品、克隆技术）。活动要求参与者回馈的问题可能有关具体决策的地方性施行（比如，为新的污水处理场选择最为恰当的施工地址），也可能以更为广泛的、长期的情景呈现（比如，交通运输的未来）。

表 3.1 罗列了几种公众参与的普遍形式，这些活动都是由某一主办方发起推出的，主办方通常是一个组织——公共团体、科研机构、私有企业或是非营利性组织，参与者被主办方号召起来同坐一席，共同针对某一技术化科学议题展开讨论。

参与方法	参与者性质	时间纬度/持续期	特征/机制
公民投票	某一国家或是地方的公众参与人数比例显著	在某一单一时点进行投票	投票通常要求在两种观点中选择其一；所有参与者影响力相同；最终结果对政策决议形成约束。
公众听证会或公众质询	对议题感兴趣的公民，参与人数有限	也许持续数周、或是数月，甚至数年	以公开论坛的形式，机构的代表者针对相关计划进行陈述；公众可以各抒己见，但是对最终建议并无直接影响。
公众舆论调研	大量的人口样本	单一事件，持续短短几分钟	通过问卷形式来收集公众意见，以面对面访问、电话、信件或邮件等手段开展。
规则制定协商	利益相关群体的少量代表者	不确定；通常持续数日到数月不等	利益相关方代表（也包括主办方代表）组成工作委员会，要求就某一特定问题达成共识。
共识会议	通常 10～16 名公众被甄选为代表	预先准备演示和讲演以告知参与小组成员讨论主题，然后举行 3 天的会议	具有独立调解人的非专家公众成员向由利益相关方选出的专家证人进行发问；会议向广大的公众开放；对重要问题形成的结论通过报告或是新闻发布会等形式公开。
公民陪审团/座谈小组	通常 12～20 名公众被甄选为代表	通常会参与为期数天的会议	具有独立调解人的非专家公众成员向由利益相关方选出的专家证人进行发问；会议通常不对外开放；对重要问题形成的结论通过报告或是新闻发布会等形式公开。

把公民、专家、利益相关方召集到一起是否是一种有用的实践？考虑到各种因素，这个问题不但难以解答而且还具有极大的误导性。但这至少说明有关这些举措的评估没有清楚的指标的原因。实际上，非常有必要明确的是究竟哪些人和这类活动相关，而活动又打算实现什么样的目标。"有效性"这一概念本身可以采用许多维度来界定，可以是与活动直接相关的行动者的各色观点，也可以是以某种方式受到影响的活动参与者的观念，还可以是那些活动之外人士的看法。毋庸置疑，如果期望利用制式化的参与形式来作为解决各种潜在冲突和异见形式的方法，那么一旦目标难以实现，观察人员或是主办方或许将大失所望，比如以英国的"转基因国家"争论为例（参见本书第一章第三节）。另一方面，对于参与者而言，相对于活动流程，活动的最终结果的重要性也许只能退居其次。以伦巴第关于转基因生物体实验的共识会议为例，事实上，与会者把在相关议题的决策中自己是否受到了征询作为判断会议价值的正面要素——也是因为从目前来看，这一要素还较为缺乏。相反地，活动主办方希望活动产生的结果是预设的——期望参与者对某一政策决议进行支持，或只是简单地盼着活动能结束相关争论——而参与者却认为主办方的活动期望与自己的大相径庭。这使得在许多情况下参与者在对活动进行评价时会产生偏见，而这也不利于参与者对活动最终"成功"

概念的理解（Purdue 1999；Irwin 2001）。

　　用于评价公众参与项目的标准会涉及两个方面的内容，其一是项目的公众"可接受度"（比如，代表性、独立性、公众是否是早期参与的、对政策决议的影响以及透明度）；其二是对项目"流程"的考量，这与项目活动的设计和实施相关（比如，参与者是否可以充分获得必要的材料，以保证其完成任务；对活动任务的界定是否明确；决策过程的结构化程度以及活动的成本效益如何）。

3.6　科学与公众参与：一种普通的解释框架

　　公众参与的途径不断扩散，并发展出不同种类，要用相同的定义来诠释这些不同的方法又成为一个难题，这无疑折射出了公众参与领域这一"新生状态"的不稳定性，至少，这需要对决定"何种方法最为有效，应当何时推出这种方法"（即为评价某一具体方法的有效性）负有部分责任。然而，从公众参与活动策划伊始，活动的实施计划、意图已被细化到了某一类别之中，划分则依据了各种尺度，诸如活动宗旨、参与者类型、构成活动流程的情况。近期的研究从评估活动有效性的视角出发提出了公众参与活动类型学划分。研究者考察了"公众参与"的一般性目标，乃是"从相关的最大数量的信息来源处使得对应的信息流（知识或是观点）达到最大化，并将这组信息流有效地传递至恰当接收者"（Rowe and Frewer 2005：263）（也可以参见 Rowe and Frewer 2004）。依照活动过程中的着力点，可以把公众参与活动划分为三大类：

——公众传播（public communication），"从主办方处使得相应的信息流最大化……并将信息传递至最大数量的对应人群"；

——公众协商（public consultation），"从最大数量的相关人群处使得对应信息流达到最大化……，并将信息流传递至活动主办方"；

——真正的公众参与（truly public participation），"从最大数量的所有相关信息来源处使得对应信息流最大化，并把信息流传递至……其他各方"。

具体参与流程之间的差异与一系列变量相关，这些变量涉及上述内容（比如参与者数量的最大化，从参与者那里是否获得了最多的信息等）。以上类型划分具有多方面优势：最明显的便是其点明了各种途径之间的相似性和不同性，这为概念化的区分和深入的效果评价开拓了思路。比如，共识会议、公民陪审团、行动计划研讨会可以被划为一组公众参与的同类群，这些活动都涉及对参与者甄选过程的把关、有帮助式的启发环节、有公开回应模式、非结构化小组输出（Rowe and Frewer 2005：

281)

然而，囿于一系列原因，该类型学划分或许并不能尽如人意。首先，此划分法用了信息流的概念钉住了公众参与，将信息流描述为一个"传递"的机械过程，而这样的形容似乎很大程度上重复了缺失模型和传统传播范式的局限；主要的差异则在于此分类法正视了两类信息传送的可能性（比如，信息流并不仅限于从主办方/专家传送到参与者，也会从参与者处送至主办方/专家）①。但是，混合型论坛不仅涉及参与行动者之间的信息交换，还涉及全新集体角色的谈判和生产（Callon 1999）。

其二，只有采纳了某一特定视角，那么把定义相关性作为类型学的核心概念才显得无懈可击。谁能界定哪类信息间是相关的？谁又能界定哪类群体间具备关联性？是主办方推动了具体的公众参与活动，还是潜在的参与者推动了这类活动？在肌肉萎缩症的患者协会例子里，在协会之间的互动以及协会和专家互动成为可能性之前，具有相关性的组群并不存在；正如疾病一样，乃是通过互动的过程，这些组群才逐渐显现出来，并相互关联（Callon 1999）。

这就引发出了第三个原因，在论证此类型学划分时，这个原因可能更具有本质性：它只论及了由某一主办方推

---

① 参见第一章，对科学传播中信息单向"传递"模式的批评，也可以参见 Bucchi（2004）。

动的活动形式。为此，本书必须改用一种更为泛化的定义来给公众参与做注解。本书将提出一种解释性框架，能用来阐释"自发性"的公众参与，比如上文论及的并不是由所谓的主办方精心设计的参与活动：舆论动员、抗议活动以及病患协会塑造的科研议程、健康议程以及以社区为基础的研究。

框架一部分以卡伦（Callon）对混合型论坛的划分为基础，采用了其中一项用于划分的关键维度：在知识生产过程中，不同行动者之间合作的强度（Callon et al. 2001：175）。当然，所谓的强度应当被理解为一个连续统一体，能从该统一体中划分出某些关键的阶段层次：相当于卡伦等学者定义的"接入点"（access points），在该点处非专家群体开始介入。这样的一个点可以是某个时刻——实验室的成果被"转化到"日常生活情景中，这对科学知识的稳定而言是至关重要的阶段（Callon et al. 2001：89ff）。在该接入点上，专家知识和非专家知识间可能会出现矛盾和冲突，非专家将提出疑问，究竟实验室的数据能在多大程度上被用来阐释特定的日常情景。比如，以塞拉菲尔德（Sellafield）核处理厂附近的居民为例，他们自行对当地白血病样本进行调研，所搜集到的数据与专家复核过的数据相左，当地居民逐渐获得了官方调查的关注，再如上文提到的坎布里亚郡（Cumbria）牧羊人的例子，牧民就坎布里亚郡土壤特性的现实经验对基于专家模型的预测结果提出了抗辩：专家认为污染物会很快消失，但牧民却不这么认为（Wynne 1989）。

第二个相应的接入点是由所谓的"界定研究团体"形成的，在该点位置处，公众参与的程度显得更加本质化：比如，艾滋病携带者协会的成员设法参与到实验设计和药物临床测试中，这扩大了研究团体的概念范畴，非科研人员被涵盖了进来。

公众甚至可能参与到研究问题的最初发现中，比如，公众参与使得某一具体或一系列事件脱离了偶然性的边界，迈入了难题的疆土，这启发和唤起了专家的研究兴趣和科研注意力。公众也可以通过不断积累自己的初始知识库存，从而使得专业研究的开展成为可能，并颇有价值。譬如，20世纪80年代，沃本市居民认为当地孩童高白血病率非常可疑，于是他们亲力亲为，致力于流行病学数据和信息的搜集，这逐渐说服了麻省理工学院开启了相关科研项目，从而使由三氯乙烯引起的基因突变被发现（Brown and Mikkelsen 1990）。同样地，如法国AFM这类组织的集体行动对开展基因疾病方面的科学研究功不可没。

活动在多大程度上是由某一主办方发起的则构成了坐标图的第二条轴：能够通过一定量的简单性概念以及公众参与的"自发"程度界定参与活动。同样地，这里提到的变量应当被看成一个连续统一体，罗（Rowe）和弗鲁尔（Frewer）描述的公众参与活动位于坐标轴的上端，而抗议活动、病患组织和居民组织的科研活动则位于下端。图3.1给出了基于两个维度划分得出的活动空间分布图，并给出了一些纯粹性的示例。

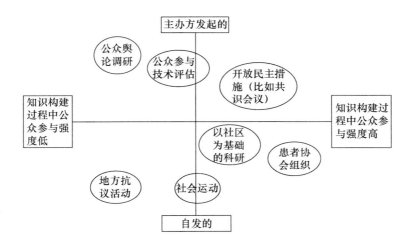

图3.1 有关技术化科学的公众参与类型分布

各种各样的公众参与形式和例子都可以在坐标图中找到位置。左上方象限主要由某一主办方推出的参与活动构成，特点是非专家在知识生产过程中的参与强度低，比如公共舆论调研。左下方区域包括了自发性的动员活动，这些活动对科研的动向并未造成明显的冲击，比如居民对当地发射性废物处理厂选择决定的抗议。右下方象限则包括了知识共同生产的"自发性"活动，这些例子有沃本市居民以及AFM协会等。最后，诸如有关技术化科学问题的共识会议则可以被放到右上方象限，这类活动由某一主办机构组织，具备高度的组织性和高强度的参与性。

随着时间的流逝，针对某一议题出现的公众参与活动可以沿着横轴（纵轴）运动，也可以同时沿着两条轴线移动：比如，某一公众抗议活动可能会促使相关的机构方组织一场共识会议或是公民陪审会，抑或患者家属会开始联合到一起来游说科研机构或是制药公司，长期来看，病患协会还会决定建设自己的科研设施。

"开放性"的公众参与同样可以通过该解释框架进行体现。所谓的"开放性"意味着公众参与活动的结果很难通过活动的形式或是主办方宗旨而被预见：比如，公众抗议可能会导致已被各方同意的决议被重新磋商，正如以达成共识文件为初衷而开展的公众参与活动可能会引发或是激化冲突状态，这种冲突可以是实际参与者之间的，也可能经过了媒体的报道被引到更广阔的公共领域之内。某种程度上，有时可以把"开放性"理解为某种关键的、显著的诱发要素，通过正式的活动形式促使科研机构或是其他组织能够让杂乱无章的公共参与变得有章可循。

技术化科学的公众参与的发展今后是否将会导致职业专家的消失，以及职业专家是否可能会被广泛的、为社会性所稀释的知识所取代？这种预测似乎是多余的。原因之一在于，尽管知识共同生产模式无疑在生物医学、环境研究等某些领域司空见惯,但在诸如理论物理等其他一些基础科学研究领域似乎并不发挥能效。原因其二则是,像"非专家"或是"普通公众"这类不可避免的属类标签的使用不应该促使我们简单化原本丰富多样的公民参与,把个体在塑造知识生产过程中发挥和展现出的明显差异的能力和各类兴趣都归为一类。事实上,参与强烈度最高的公众活动案例中确实包含了一些高积极性、高知识水平的公众小组——可以说他们是非专家群体中的"准专家"——他们的存在剥夺了大部分公众潜在的参与权利。因此,本书这一解释框架的提出是为了试图诠释这些同时存在却形式各异的参与活动,这些活动发生的特定情景和关注的议题都千差万别,解释框架尝试着将它们联系到一起,从缺失模型提出的"零度"公众参与到专家和非专家共同生产最具代表性的活动形式都可以被此解释框架包括其中。

3.7 "试管技术的示威游行":科学家走上街头

2003 年 2 月 2 日,爆发在罗马蒙地奇拖利欧宫(Palazzo Montecitorio)的抗议活动似乎与许许多多抗议示威别无二致。他们拿着(或穿着)白大褂涌进广场,挥舞着试管、显微镜和书本,甚至还有装在玻璃罐里的大脑和鸭梨（这也是农业学研究的一部分），他们以这种象征性的装扮和挑起论战的姿态呼吁"回归"（restitution）。抗议人潮中包括了意大利著名的科学家，譬如天文学家弗兰科·帕西尼（Franco Pacini）和物理学家卡洛·伯纳迪尼（Carlo Bernardini），两人坦承，"我不喜欢抗议，不喜欢街头游行，但需要之时，必须为之"（*La Repubblica* 13 February 2003: 23）。在最后一刻，诺贝尔奖得主丽塔·莱维-蒙塔尔奇尼决定不参加游行，"也许是因为她会为游行激动夸张的部分感到局促不安"（*Il Corrieredella Sera* 12 February 2003: 13）。但就在几天之前，她还鼓励科研人员来一次彻底的"大规模罢工"。"如果所有的科研工作者"，她号召道，"放下工具，拒绝开工，就能够制造真正的麻烦。这类群体性活动前所未有，当下却不妨一试。"（*La Repubblica* 2 February 2003: 26）这次示威抗议旨在反对内阁于1月24日通过的对国家科研委员会、国家天体物理研究所、国家材料物理研究所、意大利航天局等机构的改组法案。国家科研委员会被重组为几个小部门，目前存在的108个科研中心将被划分到"宏观领域"的战略科研部门，并要对其他一些如国家材料物理研究所这样的科研实体单位进行合并。

　　抗议活动在大范围的有关意大利科研问题的公共讨论中尚不突出。也只是到了几年前，抗议才在意大利发展成为空前的运动——科研人员集合行动。因此，在公众不断踏进实验室、参与科研活动之时,科学家同样也聚集到一起,走上了街头。

几年前,即 2000 年 12 月 5 日《24 小时太阳报》刊载了一篇旨在"科研自由"的请愿书,该文由超过 1000 名科研人员共同署名,其中包括了诺贝尔奖得主雷纳托·杜尔贝科(Renato Dulbecco)。文章对当时的农业部部长阿方索·佩科拉罗·斯卡尼奥(Alfonso Pecoraro Scanio)的施政举措和林业政策进行了责难①。农业部部长决议在科研人员同意的情况下停止行政经费继续资助转基因生物的田野实验。依照请愿书署名者的意思,佩科拉罗·斯卡尼奥的规定可能会使意大利科研工作从生物科学这项最有前景的一个科研领域中退出,这也使以往对该领域的投资受挫。政策章程还加入了一系列由意大利政府提出的限制性举措——其中包括了前面提到过的禁止由转基因玉米和油菜子为原料的产品进入市场的决议(参见本书第一章,第四节)。意大利科学共同体的领头羊对此政策进行了批评。

在 2001 年 2 月中旬,规模巨大的公众游行示威活动将科学家的抗议行动推向顶点。当时,科研人员的代表者会见了政府成员和反对派,代表者中包括了丽塔·莱维·蒙塔尔奇尼和著名的药理学家西尔维奥·加拉蒂尼(Silvio Garattini)。生物学家爱德华多·邦奇内利(Edoar-

---

① http://www.ilsole24ore.com/cultura/liberta_ricerca/appello_0511.htm

do Boncinelli）通过电视采访解释道，在意大利，科学家的主要科研需求是"资金、精英制度和团体组织"。此后，更进一步的争论接踵而至（国际科学期刊也对此进行了报道），科研群体的抗议活动再次复苏。2002 年 12 月，当时的农业部部长阿莱曼努（Alemanno）决议禁止开展之前已获准的转基因生物体的旷场实验，这引发了科学家群体的激烈反应，他们草拟了公开信件递交至贝鲁斯科尼总理（*Il Corrieredella Sera* 7 December 2002：16）①。相似的抗议活动同样在法国出现，2004 年，法国科研工作者大规模集合到一起，共同反对政府削减科研经费。类似的控诉活动和运动在其他一些国家和地区也日趋普遍②。

纵然没有参与到这些抗议活动当中，我们仍然能给出一些原因来解释这种现象，这些原因还与科学、政治和舆论间的关系的一般性变化相关。

首先，在公众对科学以及科学转化的认识不断增加的情况下，科研人员大规模的公开曝光随之出现。至少在

---

① 也可以参见 2001 年 3 月 18 日《24 小时太阳报》（IL Sole-24ORE）的周日增刊，该报在竞选活动的高峰时期连载了一系列文章——文章作者包括 Giovanni Bignami，Luca，Francesco Cavalli Sforza 以及 Cinizia Caporale 等人。此系列文章直接把政治阵营竞争的焦点拉向了有关意大利的科研问题上。2002 年 9 月，《共和报》（La Repubblica）刊发了一篇文章，曝光了意大利大学与研究部筹划对科研机构进行改革的草案内容，之后，科研人员进一步又撰写了请愿书刊载于 *Le Scienze* 期刊的网站（http：//www.lescienze.it 上）。

② 比如向欧盟发出的"阻止科学衰落和智力的干涸"的呼吁，该文章由五名诺贝尔奖获得主以及诸多其他科研人员共同署名，2002 年 7 月刊载在欧洲各国的日报。参见《新闻报》（La Stampa）（22 June 2002：25）。

某种程度上，诸如疯牛病或是转基因生物体争论的事件是由大众媒体来进行解释的。实际上，公众被当做是缺乏能力的典范，而科研专家则被当做是为社会需求提供恰当解决方案的合适人选。在某次抗议活动的现场，电视新闻记者在未就上述突发事件询问过莱维-蒙塔尔奇尼的情况下便声称"这样的科学令人不寒而栗"。

第二方面的思考在于我们是如何逐渐地对街头示威游行习以为常的，尤其是媒体报道早就对示威游行见惯不怪。在大多数情况之下，现代人群并不是以某种理想的名义参加示威抗议的，而是因为抗议活动能捍卫自己的利益：无论是于船坞工人而言，还是就牧羊人来讲，都是如此。而科学家却另属它类，公众通常将其视作无私的群体——正如所倡导的，科学家并非为某一具体利益，而是为普遍的、卓越的知识价值而努力。鲜有的研究对此进行了论证：恰恰是因为认为科学家是无私的，意大利公民相对于其他欧洲国家公民而言，更加信赖科学家和科学。然而，最近有关公众对科学报告的认知研究却发现，科研活动日益被看成是存在偏颇的（参见第一章；Observa 2005）。风险随之发生，如果宣称科学家和其他一般的行动者和组织性质相同，那么新的疑问和担忧将鱼贯而至。（"科学家也需要资金？""为何他们不想受到监管？""他们有没有隐藏了一些事实？"）

科学共同体的外壳为其形象提供了保证，然而，这一形象却是理想化的，充其量只是共同体内部的共识，在公共领域中，后者（内部共识）轻而易举就会土崩瓦解。2001年2月，环境部部长佩科拉罗·斯卡尼奥与总理朱利亚诺·阿马托达成协定，绿党迅速发动"生态学"科学家举行了街头抗议，于是协定的作用在诸多科研人员的干涉下变得微不足道。

科研人员还在冒着巨大的风险不断地抱怨称政客对他们的工作成果缺乏兴趣，而公众舆论的敌意可能最终会变成自证预言。如果科研人员在任何情况下继续坚守自己的封闭性，并对自身的弱点视而不见，那么这些问题将很可能持续恶化。

最后一点，也可能是最为复杂和重要的原因，科学"走上街头"乃是一种难以逆转的策略。公开地寻求公众的支持要求科学家做好承受舆论压力的准备。此外，寻求公众支持还意味着这能够为科学研究的优先权以及科学与社会和政治的相容性进行辩护。以上文论述过的不久之前的迪贝拉疗法为例，尽管公众对技术存在各种担忧，但为了取得成功，科研人员仍需要向公众争取时间和资源对疗法进行测试。实际上，类似的情况也在美国发生过，艾滋病的定义就在活动家群体的压力下进行了修正（参见第二节；Epstein 1996）。

很难断定科学家的"曝光"是好是坏。事实是科学家的"曝光"频率与日俱增，这暗示了该现象必将成为当代科学的本质特征之一。但是，还需要被点明的是，迄今为止科学家一直小心翼翼地限制着科学，他们常援引自己是真正科研自由的保证人，且还是科研自由得以维系的必要条件，以此来捍卫科学的自治权。

科研人员的集合行动还可以解释为是随着技术化科学在当代科学中的地位出现了更为一般性的变化而出现的。首先要提出的是，可被我们称为"技术化科学的政治化"的过程。这一表述点出的事实不言而喻，科学的公共曝光不断地以集体动员的典型形式出现，比如媒体广泛地报道了街头示威游行。鉴于多种原因，在斯诺定义的"封闭政治"状态下，科研政策的问题以及对技术化科学创新普遍性地管治似乎越来越不易解决和开展。所说的"封闭政治"指的是决策者和科研专家的协商过程与世隔绝，其特征或多或少地表现为在经济资源和通过专业知识使决策合法化之间作出显而易见的权衡。

产生变化的原因之一是公众认知不断增长以及科学共同体的代表之间存在分歧，并变得支离破碎，这也是"科学政治化"所假定的意义之一。在对公众舆论和政策决议感兴趣的议题上，科研人员之间的分歧日益明显，譬如，有关转基因生物对人体健康或环境危害性的议题，抑或是处理放射性废物最佳方法的议题（以斯坎扎诺为例，其拟被选为意大利的一个放射性废物处理场地，这引起了科学家之间的争论，参与辩论的科学家包括了诺贝尔奖得主卡洛·鲁比亚和意大利地球物理研究所所长博斯基)①。多年前随着迪贝拉事件的发生，意大利出现了表征这类现象存在的初始代表性信号，抛开其他不谈，这显然体现出了科学共同体难以找到发言人，以帮助其在公共平台发声（Bucchi 1998b）。

当需要明确问题是什么、谁能承担解决问题的重任之时，规律性的分界线将出现裂缝。"我个人并不认识他"，丽塔·莱维-蒙塔尔奇尼在提到阿德里亚诺（Adriano De Maio）履任意大利国家科研委员会理事长一事时这样说道："因此，我不能对此人作出评判。然而，我能说的是，阿德里亚诺是一名工程家，对生物学一无所知。"②

再回到对抗议活动的看法上，最为普遍的形象乃是科学共同体不能找到发言人，如同政治竞选一样，科学家分裂为不同的阵营和"派系"。由此，支持科研部部长莫拉蒂（Moratti）制定的改革措施的一方被称为"亲莫拉蒂派""主席联盟"，甚至公然地将其比作是公民投票中的"赞成派"，而反对方则常被斥为"说客"。事实上，反对阵营的政客们将国家科研委员会主席比安科（Bianco）的辞职等同于"皮亚韦河线"（Piave line)③。比安科鼓动科研人员站到自己的一边，谴责道："科学共同体有

---

① 参见诸如 F. Foresta Martin, *Corriere Della Sera*, 27 November 2003。
② C. Di Giorgio, *La Repubblica*, 2 February 2003。
③ C. Di Giorgio, *La Repubblica*, 2 February 2003。1918 年，第一次世界大战期间，意大利武装军队沿皮亚韦河打响了著名的抵抗奥地利军队的战役。

一帮成员，他们在相关机构担任要职，但并未果断地表明自己的立场，这徒增了疑团。我要对他们说，这是失败者的表现，于意大利的科学研究无益。"①

此外，严格来说，科研工作者对改革质疑的重要目标并非是直接反对改革的具体内容或是结果，而是反对产生改革方案的决策过程。此次改革被形容为"反民主的""自上强加于下的"，并没有相关方参与其中进行充分磋商。

在媒体中，对科研人员示威抗议活动的报道与其他政治议程中的议题日益趋同。当被问及国会是否会反对此项政府法案时，莱维-蒙塔尔奇尼提高音调说道："毫无可能性！他们对《塞拉米法》（Cirami law）举双手赞成，把赞成票投给《会计造假法》，还对调查草案进行了支持。他无疑还将拥护此项法案。"② 蒙塔尔奇尼的声明迅速被政党所引述，并不断放大："我们将会为了科研走上街头，正如我们为了正义那样"，左翼政党的代表如是说③。在示威游行的一次集会场合，游行的全部政治目的被暴露无遗，国家科研委员会主席这么说道："我必须感谢西尔维奥·贝鲁斯科尼（Silvio Berlusconi），从参加完由特伦托和特雷斯特（Trento and Trieste）问题而引发的游行活

---

① C. Di Giorgio, *La Repubblica*, 14 May 2003.
② L. Salvia, *Corriere Della Sera*, 2 February 2003.
③ L. Salvia, *Corriere Della Sera*, 2 February 2003.

动以来，我就再未参加过此类活动，而那时我才13岁。"①

再者，媒体在确定舆论领袖时并不仅仅参照此人在科学共同体的影响力；还以其与政治领袖的亲密度为标准。这就是"总理医生"的例子，翁贝托·斯卡帕格尼尼（Umberto Scapagnini）是卡塔尼亚市长以及意大利力量党的欧洲议会议员。翁贝托对莫拉蒂的改革表达出怀疑之时，他娓娓道出了一个关于自己儿子的故事。在美国担任副教授的儿子问翁贝托："爸爸，我要做些什么，该不该返回意大利？"翁贝托决断地回答道："待着，哪儿也别去！"②

这几方面表现十分有趣，因为它们与目前为止还深深刻在公众脑海中的形象明显相悖，公众心目中科学是"去政治化的"，能自我调控，与传统的政治冲突毫不相干，科学讨论之价值常被认为凌驾于政治冲突之上③。按照物理学家卡洛·伯纳迪尼的看法，政客企图操纵科研是"卑鄙的"。将抗议活动放置于"科学反对政治"这一框架的努力将不可避免地被上面论述过的裂缝所破坏。

总之，恰恰在科学家谴责"政治侵蚀了科学"并走上

---

① C. Di Giorgio, *La Repubblica*, 13 February 2003.
② F. Cavallaro, *Corriere Della Sera*, 4 February 2003.
③ 媒体在呈现科学争论时会采用政治报道的模式，比如，为了在各种科学观点之间实现平衡，媒体会使用"支持"和"反对"的术语，参见 Dearing（1995），也可参见本书第一章。

街头为自己的科研决策自治权呐喊之时，表明了两个领域的边界正在不断地相互渗透，科研问题本质上彻头彻尾地夹杂着"政治气息"。科学家空前地通过斗争来捍卫权利，其在公共辩论的曝光却是与各种运动一脉相承，这些运动说明了科学家对自己成果运用到政治和社会领域感到不安，科学家的顾忌最先在物理研究领域出现（忧思科学家联盟、原子科学家通报、帕格沃什运动，甚至是诺贝尔和平奖）。实际上，公众理解科学运动本身也是科研人员介入公共领域的一种表现，这种介入则是为了支持自己认同的某一具体的科学、公众和决策的关系状态。

这方面的表现与两种方式的运动相关，即公民对科研的渗透以及科研人员不断地发起公共动员活动，而这两种运动对称性的出现绝非偶然。后者在公共平台的出现——比如，特别是通过最近的抗议活动，以及以一种更为笃定的承诺姿态，科学家向政客和舆论鼓吹开展某一研究的理由——是在复杂的动力影响下使然，而这一复杂的动力还增加了公民进一步参与到技术化科学议题当中的需求。科研人员越是以典型的政治游说方式采取集体行动，他们就越可能被当做是诉讼当事人，这就使得认为技术化科学议题理应委托给专家处理的技术统治观愈发失去其合法性。

从一种更为普遍、却明显矛盾的角度来寻找问题的根源，这涉及公众参与过程的"开放性"本质。为了满足技术统治的需求（更多的资源、更多的倾听、更大规模的专家代表团），科学家频繁地曝光于公共领域，这就刺激了公民参与科研的需求。于是导致了公众和专家间的关系出现错乱，相同的错乱关系在技术统治模型中同样可见。反之，下述情况也令人难以置信：公众参与到技术化科学议题中给专家造成了压力，促使专家们形成了这样的观念——为了回应公民的担忧或是彰显和圈定自己的作用和职权范围，自己必须在公众平台现身。

总之，无论是非专家参与到技术化科学之中，还是科研专家参与到公共辩论中去，这都只不过是同一事物的两个方面，认清楚这一点至关重要：二者起源相同，相互依存。同时，此两类行动又进一步侵蚀了传统活动形式的基础。传统活动形式的提出以技术统治论为代表，也是基于政治和专家间的线性互动模式产生的，使得有关技术化科学问题的决策深陷泥沼，且愈演愈烈。

Chapter 4

第四章

超越技术统治：技术化科学时代的民主

> 回避我们的责任容易，然而我们却难以回避由回避我们的责任所带来的后果。
>
> 　　　　乔赛亚·斯坦普爵士（Sir Josiah Stamp），
> 　　　　在英国科学促进会上的演讲，1934 年

4.1 超越技术统治的幻觉

为何技术统治回应在解决当代社会的技术化科学问题时力不从心？这不是因为公众愚拙，也并非是由于决策者对专家观点的置若罔闻。决策者很可能非常乐意将自己的责任抛给适合的专家人选——其实几十年之前，他们经常这么干——让专家决定是否应该批准某种转基因面粉，核废物处理场应选在何处。问题在于，这一现象已成为历史。在讨论科学专业知识的演变和普通公众对专业知识的认知日益缺乏整体统一性时触及了造成这一现象的成因。

这一现象已成为历史是因为，随着上文所论述的后学院科时代的到来而引发了一系列变化以及科研人员日益增多的公共动员，开始蚕食科学作为超越其他事物之上的中立性行为领域的神圣光环。无论是在因支持或怀疑某种专家知识而开展的环保运动中，还是在司法当局，科学中立性形象在多种情景下不断遭到蚕食。媒体的质疑作用日趋渗透到政策决议的各个角落，媒体和专家关系的变化，以及媒体得以选择在公共平台上崭露头角的专家的能力——媒体参照新闻生产过程的标准来筛选专家舆论领袖，不同于科学共同体的挑选标准——也为当下现实情况的出现起到了推波助澜的作用。

科研人员和科研机构日益频繁的公共曝光是后学院科学时代的特征，这使得专家和公众间出现了数条短小的传播回路，而决策者的调解作用被回路排除在外。

最后一点原因还在于非专家对参与、介入技术化科学议题或在高复杂性技术化科学议题中"发声"的需求不断增强——这一变化同样具有划时代的意义。从20世纪90年代以来，我们已目睹了各种例子：患者协会和活动家的集体动员对艾滋病研究、基因性病研究等产生了深刻影响；意大利爆发的对迪贝拉疗法的争论显然表明了科学、社会和政治三者的界限具有相互渗透性。

当前公众参与有关生物技术讨论成为可能的状态也为癌症和艾滋病研究带来了史无前例的大规模的资金支持，持有这种观点的人，从反对"社会、文化因素"的立场出发，往往会对上述现象提出质疑。实际上，这些相同的状态还促使了非专家群体、患者协会积极参与到研究议程的定义中，为许多相关领域的科研赢得了优先权。譬如，20世纪80年代中期，科学家提出了氟氯碳化物排放与臭氧层空洞之间存在相关性的理论，假若没有来自环保运动及公共舆论因对环境破坏敏感而形成的压力，我们很难想象这一还处于专家讨论阶段的理论假设能迅速获得决策者们的支持（Grundmann and Cavaillè 2000）。

4.2 生物伦理学能拯救我们吗？

专家呼吁，希冀自己可以在社会中发挥更为普遍的作用（实际上，有时候这种呼吁是带有补充性质的），丝毫不逊于此的乃是他们努力以道德伦理的方式对技术化科学危机和冲突做出回应，特别是在诸多经常发生的有关生命科学的具体议题中。尽管（生物）伦理回应立场在内容上的表现千差万别，但是近年来"生物伦理"一词已然变为了带有魔力的咒语，成为了决策困境和具有潜在分歧性议题的护盾。成立生物伦理小组或委员会是一种具有代表性的回应方式——在某些情况下，这还为律法所要求——科研机构、卫生局、政府机构在开展实验研究以及用人体、动物进行药物测试时都会采用此回应方式，在一般性的具有重大影响的科学研究和创新过程中，该回应方式也并不稀奇。

在西方的工业化世界中有一套共享的道德标准，此道德标准成为限制相关事物的基础，得到了普遍的认可，然而该道德标准却正在经历一个消亡过程。一般来讲，上述的回应方式本质上与这一过程背道而驰。需要说明的是，生物伦理小组和委员会表达意见的影响力常常微不足道，于是，这类解决方案发展出一种变形，乃是把道德困境转嫁给具体类型的行动者，比如科学家，或新技术的使用者。

在上述情况中，在实施控制时，被专业领域所采纳的行为准则被采用。科研人员会经常这么做——比如，意大利科学家群体里的诺贝尔奖得主杜尔贝科和莱维-蒙塔尔奇尼会表达其"同意治疗性克隆技术而非生殖性克隆技术"，或是"支持采用已有的并且将会被破坏的胚胎细胞进行研究，而并非赞同专门性地培养胚胎细胞"。① 这种变异的解决方案显然偏离了技术统治的回应：仅有的差异点在于，该回应方式并未将专家的知识和决策能力当做信任得以建立的基础，而是把信任基础摆到了专家的道德和职业准则之上。

但是，信任科学共同体的自律却忽略了这样一个事实：今天的科学已不再是一门只由小部分内部人士践行的"自由职业"，也并非是战后时期完全由国家政府控制的大科学。科学已然成为一类复杂的事业，大规模的国际科研小组参与其中，科研小组的成员不仅要为自己的良知代言，还必须迎合利益相关方的合法期望。而如果没

---

① "我赞同用多余的胚胎干细胞进行研究，否则这些干细胞也要被破坏掉。我反对为了利用胚胎干细胞而专门培植胚胎细胞的做法"：Rita Lei Montalcini, *Corriere della sera*, 9 October 2004, 也可以参见 Dulbecco (2004)。

有了利益相关方的涉足，很多重要的科研进步可能还只是黄粱一梦，最典型的便是人类基因图谱的绘制。

伦理规范、自律的另一个缺陷在于，如今科研发现和技术创新影响所持续的时间长度已经极大地超出了专家个人的能力控制范围。

汉斯·乔纳斯认为传统的伦理规范所适用的行为具有时间和空间限制，并且把传统伦理规范套用在人类以非人类客体为对象的行为之上是在指东画西。因而，考虑到过去由科学和技术所促成的行为的范围和影响是难以预料的，传统的伦理规范在今天已不再适用。乔纳斯所谓的"责任"概念的核心关键点便源于此（Jonas 1979）。然而，在后学院科学时期来界定责任实属不易。2001年，发表于《自然》和《科学》上的有关人类基因图谱工程成果的分别有274名和250名作者署名。想必该项目的任务一定经过了层层分配，项目的时间跨度又较长，他们其中有谁能为项目的结果负责呢？

由此可以看出，就科学共同体的参照价值和科研人员的角色概念而言，二者正在变得四分五裂，那么所谓的责任究竟能寄托给什么样的职业精神呢？更不必提某一时间内全球性研究项目所具备的地理范围特征：正如近几年的情况所表明的那样，科学研究已经不再为欧洲或美国的科学家所独属，譬如以生殖为目的的克隆技术为了需求庇护，已被转移至韩国和迪拜等地开展。

伦理解决方案冒险将涉及技术化科学的复杂问题从拥有全权的技术官僚手中夺走，并把它们交付给了易碎的幻象。

伦理回应的第二种变异是，取决于被授予决定权是否采用某项技术的人们的伦理，比如辅助受精技术的应用。这种伦理可能来自某一具体的宗教，比如天主教，也可能来源于某一单独的个体，比如意大利激进党在本国最近的辩论场合中所表明的立场（Capezzone 2004）。

因此，有意思的是公共信息的主题被认为与技术统治论点相左。技术统治论者强调公民的无知，以便主张公民应当受到教育并学会去接纳专家意见。倡导伦理解决方式的人士则把目光聚焦到了技术化科学接收者身上，坚持认为最好的判断标准是让个体直接参与到某一技术化科学的困境当中，因而，他们对接收者被误导的状况不以为然。

但是，这表明了一个关键点——个人的权利及其历史转变，道德伦理的立场似乎忽略了社会因素与个体作出选择之间的相关性（因此，政治方面的相关性也欠考量）。这就很容易理解人们把视线从具体的辅助受精技术上移走，并转移到了更为普遍的在医药科学领域与某项技术创新相关的决策问题之上。我们可以设想，干预人类的基因将会使得抗衰老，尤其是延长人类寿命成为可能，而权威科学家也常常这么假设（参见如 Cavadini 2005）①。从这个方面看，这项技术似乎大有裨益，于个体来讲也是合情合理：延长他/她的寿命看起来并不会对他人的利益构成危害。但很明显的是，一旦此技术创新得到了大规模运用，要再想挑剔技术对个人权益的正当性似乎就显得异常困难了，这对社会以及环境有可能产生毁灭性的影响。把对某一特定问题的决策委托给个体的道德伦理实则是一类彻头彻尾的政策决议，任何情况皆是如此。

正如我们所见，在当代社会中技术化科学拥有了全新的架构，两个群体之间的显著差异则被不断消除——技术化科学的生产者和使用者。企业、患者协会、环保运动日益普遍地介入到技术化科学议程的界定当中。因此，我们应该把信任摆放在什么样的道德规范和义务之上？是塞雷拉基因组公司的股东？还是那些迫切要求加速开展和批准基因疗法实验以及抗艾滋病药物的病患协会和活动家？抑或是那些为了申明其主张而支持科研人员、搜集数据和撰写报告的环保主义人士？

为减少基因技术对人们生活的多重影响，我们应该接受什么样的伦理规范和责任义务，比如，接受异体受精的个体是否有权利接受 DNA 测试——在其成年时——这样他们就可以鉴别自己的亲生父亲是谁？抑或，他们是

---

① Haseltine，接受 L'Espresso 访问，2003 年 10 月 2 日。

否有权利接受基因弱点扫描以发现某种遗传疾病？是由医生和医疗保健人员来管理这类测试，还是由个人直接在网络上购买亲子测试工具？（参见第二章）对采用辅助受精技术出生的未成年人，日后谁有权利通过家庭 DNA 测试或浏览网上数据库的方法来找到他/她的亲生父亲（Motluk 2005）？

实则，关于这些问题的决策都是从局部性、情景化出发的，带有很强的实用色彩，亦是为了更多地迎合组织对清晰准则的需求。譬如，对于那些毫无痊愈可能的患者，医院需要决定是否要停止对他们的生命支持（Anspach 1997；Nyman and Sprung 2000）。

要注意的是，我们并不是要去否认生物伦理回应的价值，也并非要论证生物伦理委员会的努力徒劳无功。本节的论点在于指出伦理式的方法和相应的委员会常被用来把公民的担忧归入到一个限定好的区域内（甚至是无意识地采用了伦理回应），区域附带了与价值和情感相关的内容，公民则受到这些内容的约束。伦理回应所划定的范围与技术-理性（technical-rational）圈出的范围截然不同，于是智力的有效性在其中惨遭否定（Wynne 2001）。上文提到过那些旨在推进科学和传播科学的举措所存在的问题，简单地将问题引述于此亦同样适用：伦理方法和委员会服务于多重目的，然而应对民主社会中由技术化科学所带来的挑战却并非其目的之一。

4.3 为何公民反对生物技术？

政策决议过程中的不确定性不可避免地与公众认知进行着互动。从此观点出发，为何技术统治和道德伦理在为由技术化科学引发的冲突提供令人满意的诊断方案和解决方案时显得力不从心？对上述问题原因的追问发展出了另一个表述（继续瞄准那些最能体现冲突的问题）：围绕农产品生物技术的潜在益处的信息和传播活动已开展数年，为何大多数欧洲公民依旧对技术有切骨之恨？或者也可以这么说，为何意大利的全民公投结果是反对辅助受精技术的监管和胚胎干细胞实验？

不难想到技术官僚的答案：公民反对转基因生物（或是胚胎干细胞实验）是因为他们对技术的好处知之甚少：而这却是源于公民的无知和糊涂，受到了媒体的恐吓。伦理语境的回答同样明确：公民反对胚胎干细胞实验是由于他们恪守着某一具体的道德信条，比如天主教廷的教义。

显而易见，上述答案的基础在于认为公众被误导且预设了对科学的敌意，这是立不住脚的。而宗教信仰的作用也并非是决定性的①。还有另外一种假设是：公众对科学的敌意根深蒂固，并不只体现在生物技术上。这种假设把本书早先讨论的其他一些情形也包括在内，还包括了在这一领域最近的一些研究成果。

该假设与争议中的问题的本质相关。技术统治论者只采用专业科学技术视角来理解转基因生物。因此，他们大声宣布："让我们抛开经济、社会以及文化视角，只用把目光锁定在科学的所说所讲即可。"

然而，考虑到前面章节谈到的那些转变，这种呼吁便显得既天真单纯又徒劳无功。首先，在公共话语中，技术化科学议题越来越不单纯只是科学问题，而是日趋显现出"混合"的特性——科学数据、经济利益、社会优先权、道德观以及文化维度互相交错在一起。谁也不能将艾滋病的研究与疾病的社会影响分离而视，亦不可能割裂臭氧层空洞研究与社会对环境的担忧和环保组织运动之间的关系——正如在理解公民对农产品生物技术的舆论时，大家势必要考虑以下因素：公民对跨国公司作用的认识、欧洲和美国的国际关系、发达国家和第三世界的关系、相关食品在公民饮食传统和特性中的地位。在公共辩论时，为了让公民的注意力集中到技术层面，于是

---

① 比如，只有2%的意大利人认为天主教廷应该对有关生物技术的问题作出决定。此外，天主教徒和非天主教徒之间所表达的态度也并没有显著差异性，在某些问题上（比如有关生物医学技术），平均来看，意大利公民的平均容忍度高于其他非天主教欧洲国家的公民。参见 Observa（2005）和 Eurobarometer（2003）。

对上述因素加以抑制，这就如同为了让瘸了一条腿的马驹能顺利行走却给它健全的腿打上石膏一样①。

同样地，我们也不能把诸如信任的属性从认知的角度分离开，而技术统治论者却试图这么做。信任并不仅仅是知识的代用物或"功能性替代品"，只有当问题超出了公众的能力而必须依赖专家时，信任才成为知识的替代物（Wynne 2001：59）。相反地，无论于专家群体还是非专家群体而言，信任都是传输知识和检验知识过程中的必要一环②。信任的丢失使得知识权威性随之丧失。在维多利亚时代的英格兰，许多公民反对活体解剖，对通过动物实验而得到的科学知识失去了信任感，他们却对如顺势疗法（homeopathy）这类的替代医学怀有好感（Mackenzie 1996）。

总之，公众舆论对潜在技术化科学创新风险的接受程度不能与其对该项技术创新以及创新目的重要性的判断相割裂。重点并不在于专业知识固有的不确定性制造了这样一种确定性：公众对不可能事物的渴求（这与惯常的

---

① 尽管为了形容统治者和被统治者的关系而从动物王国中攫取比喻素材有着丰富的传统，比如把人群比作"被驯服的马驹"，参见 Schiera（1999），尤其是其著述的第五章；或把媒体（或者舆论）比作"需要被填饱的野兽"，参见 Shudson（1995），但是，这些类比并不是为了赋予公共辩论某种"动物特性"。

② 专家自己常常求助于信托元素来增加研究成果的可靠性，比如机构会员、隶属于某专业组织、甚或是国籍以及熟人。尤其是在争论的情况中，涉及采用了何种方法，得到了什么样的研究成果；参见 Collins（1985，2004）。诚如科学共同体的一些成员指出的"实践中，学术文章中的实验和观测只有很少一部分会被其他研究者复制"。（Ziman 2000：99）

提法相反)。在日常生活中,我们都习惯于在不确定性面前作出抉择;当下却更是如此,除了技术化科学之外,不确定性已成为了社会生活诸多领域的一种流行性特征。关键问题是在处理"技术"不确定性时,必须同时考虑到技术化科学创新的影响和目的所存在的不确定性。只有当后者是为有说服力的目的而服务时,公众才会准备好去忍受一定程度的不确定性——在潜在风险和不可预期后果等方面表现出的不确定性。换句话说,不可能把对这类潜在风险的回应与对下述问题的回答分开:"为什么我们要从事这项研究"以及"是否值得这么做"(Wynne 2001:66)。

正是公众认知在处理当今技术化科学混合式特性时的能力决定了公众在对待这些问题和相似问题时所表现出的态度——不只包括了如转基因食品或胚胎细胞实验等特定的问题。

在类似生物技术这样高度复杂议题所牵涉的问题上,公众觉察到传统的民主表达以及政策决议方式已不再适用。传统的方式缺乏透明性,尤其是在应对貌似失掉了"独立性"、公正性和内部凝聚力的科学时表现得更加无能为力。无独有偶,恰恰是那些认为科学家也反对转基因生物技术的人士对农产品生物技术表达了最为彻底的怀疑主义(Bucchi and Neresini 2004a)。

还必须注意到,就这点来说,传统的来自技术统治的解释也可能要被修正。类似疯牛病的事件不能被片面地诠释——只把事件看成是公众和科学家关系表现出的一般性的"信任危机"。相反地，这些事件激发了这样一种观念，认为决策不能应对技术化科学，尤其是技术统治并不能有效地处理技术化科学的不确定性和影响。

有人甚至走得更远，声称公民不会对诸如此类的生物技术倍感恐惧。他们所担心的是没有恰当的论坛来表达技术化科学的多重问题，他们还对没有可靠的决策过程来保护自己的权益倍感不安。公民还渴望获得有关甄选专家标准的信息以及处理利益冲突的方法，因而，他们也担心没有兼具说服力和可操作性的手段以确保其意愿的实现。超过五分之一的意大利公民认为有关生物技术的决议不应该委托给科学专家，而应当由"全民"共同商议。另外5%的受访者认为"生物技术应用的潜在接受者"必须参与到决策中，14%的受访者认为只有在"无人能决定"之时才需要全民共商（Observa-Fondazione Bassetti 2003；Observa 2005）。科学共同体的意见分歧越大，赋予科学家自由发号施令的权利就越可能被收回，因而更倾向于让全体公民参与决策（Bucchi and Neresini 2004a）。

部分是出于上述原因，部分也是因为科研人员本身被当做是"利益当事人"，造成了相关保证人的缺席，也使得缺乏一种有说服力的手段可以将技术化科学问题委托给科研人员的道德规范。于是，许多公民宁愿选择去拒绝技术化科学创新方案。

可以使用政治的方式来明确一种处理问题立场，即在决策过程中所说的"防微杜渐原则"：只有在有明确证据表明技术不存在风险时，该项技术创新才会被批准。在此情形中，预防性原则严格意义上带有"政治色彩"：如果决策过程不透明，不能确保公民参与其中，那么技术创新将不被批准。套用拉图尔（Latour）的描述，如果说伴随着专制主义朝代议民主政治过渡而出现的口号是"没有代表权，就不得征税"（no taxation without representation），那么今天随着技术统治走向破灭而出现的口号则是"没有代表权，就不得创新"（Latour 2004）。

正是因为专家、政策制定和民主形式之间的关系日趋复杂，才导致了当前的危机已然超出了转基因生物或胚胎细胞研究等一系列个案的范围。

4.4 知识就是权力

技术统治和伦理回应都在试图转移政策决议过程中的张力，分别将问题划定到了专业知识和伦理规范的空间内。多年的专家评估和决策僵局显示这些尝试——如在欧洲转基因争论中所做的努力——都最终落败，此时，困境进一步转变成单纯的消费者偏好的问题：用标签制度进行管理便将在传统食品和转基因食品间做选择的权力还给了消费者。

但在呈现备选项目和选项所涉及的价值时，生物伦理扮演着至关重要的角色①，与此同时，却只有政治能作出决议，以此来平衡利益、价值和（今天比以往任何时候都要多得多的）专业科学知识三者的关系。政治对这一代（以及越来越多的未来一代）肩负着责任，而不是将义务推卸到其他相关群体（科研人员、病患或是消费者），如同在欧洲对转基因生物的监管中所发生的那样："既然有漂亮的标签，那现在就利用它"。只有政治才能处理科学观点和道德标准存在多重性的难题——至少是能感受的多重性问题——从而将技术统治和道德规范的选择排除在外②。最后，只有政治可以就有关公众对技术化科学创新的态度而出现的关键问题作出回答："为什么我们要开展这项创新？"（参见第三章；Bucchi and Neresini 2004b）

走出技术化科学决策困境的唯一出路是采用政治手段，这一结论引起了许多群体担忧，特别是那些认为总有一些明显的负面内容附着于政治之上的群体——包括了很多来自科学共同体的代表（在科学家集合反对莫拉蒂

---

① 这里引用了 Reich（1978）对生物伦理的经典定义。
② 李普曼已经指出过将民主政治的两难交给道德伦理来解决所带来的矛盾："政治机构的目标可能是为了达成共同的判断标准，在标准冲突的情况下，政治机构的出面调停显得非常必要。"（Lippmann 1925：31）。

改革意大利科研机构的议案时,科学家表达了这样的观点:政客们用"卑鄙之手"干预科研)。

只有从纯粹负面管理的角度来考察政治,这些担忧才名正言顺,政治就如同巡警一般马不停蹄地跟着科学的步伐,以弥补科学进步带来的负面效应。在20世纪60年代到70年代之间,工业化国家出现了担心环境和公共卫生遭到破坏的声音,并由此爆发了第一次集体行动,科研政策的概念便肇始于此。科学的作用,特别是其和政治权力以及社会的关系受到了来自科学共同体部分人士的质疑,女性主义和环保主义的社会运动同样对其提出了质疑。科研进步被开始看做是社会问题的始作俑者,于解决问题无益,此观念推动了公共议程:核武器的扩散、国际冲突和武装交易、环境恶化以及性别歧视。空前的"社会压力"使得科研政策的概念范围被扩大,包括控制和管理两个层面。实际上,一些国家为了监督技术对环境的影响专设了机构,1972年,美国科学技术政策办公室被国会取消,转而成立了技术评估办公室。在如核能或是基因工程这类公众高度关注的事例中,采取了大量的举措,以便让公众参与到科研政策的制定中,地方性的政策尤为明显。

正如多萝西·尼尔肯(Dorothy Nelkin)所观察到的,1933年芝加哥世界博览会为庆祝"世纪进步"提出了"科学发现—工业应用—人类遵守"的口号,20世纪70

年代举办的世博会无疑也打出了相似的标语:"科学发现—工业运用—人类控制"(Nelkin 1977：393)。但是这类过去作为政治理念的概念如今却并不适用,在大科学的典型时期,此类概念是用于配置研究资源的唯一手段。这并不仅仅是因为技术化科学的挑战使得政治重心从常态管理和统一性管理转到了对新奇事物的管理和差异性管理上,也并不只是因为传统的资本主义社会中劳动力和资产扮演着重要角色。当今社会,知识的作用变得不可忽视,于是权力监管的注意力越来越朝着知识靠拢,这些原因上文都有过切实论述(Stehr 2005)。此外,技术创新过程体现在非专家的日常生活的各个角落,已然超越了传统的控制措施:1994年,法国颁布法案禁止除以科学研究和司法鉴定以外的任何目的的DNA测试,然而,试想一下,法国公民通过网络从英国、西班牙、荷兰实验室购置到亲子鉴定试备又是多么的轻而易举(参见第二章)。

当代的技术化科学——作为一种"可获得的普遍能力"(generalized capacity to act)——与技术转化语境密切结合,非专家的态度和需求合二为一,科学共同体热衷于在公共领域抛头露面,这一切摧毁着知识和权力的传统区别。而且,这一区别在公众话语传播时有着巨大的修辞弹性:我们不妨援引哲学家杰瑞·拉韦兹(Jerry Ravetz)的名言,"科学因盘尼西林而获得称颂,社会却因为炸弹备受苛责"。类似的差异性常常以一种带有迷惑性的反对口吻被强化，"知识只有脱离了权力束缚、需求和利益才能大展宏图"（Foucault 1975 tr. Eng. 1995：27）。一方面是知识（"科研自由"），另一方面则是权力。如果以对立的、零和博弈的视角来考察二者关系，那么技术化科学危机将被堵在看不见路的窄巷里，动弹不得；尤其在武断地反对知识和权力的关系时，技术化科学危机更加棘手，而对二者的关系的反对往往见之于技术统治回应和伦理回应中。前者（知识）对自己的"认识主体"（knowing subject）受到了各种力量——来自经济团体、压力团体以及决策者的力量——的浸透全然不知。后者（权力）也未曾发现只要自己理想化的"决策主体"（deciding subject）（以"世俗的"伦理视角）或"本质主体"（nature subject）（天主教的视角）存在，那么它们就已经受到了技术化科学的浸染，从消费到健康传播，遍及日常生活的各个角落[①]。如果出于前文中的原因，要想让社会遵守技术化科学的法则显得不切实际，那么今天要让

[①] 福柯认为："我们应当承认，权力制造知识（并不是简单的因为知识为权力服务，权力才鼓励知识生产，也不仅因为知识有用，所以权力才使用知识），权力和知识是直接相互连带的；不相应的建构一种知识领域就不可能有权力关系，不同时预设和构建权力关系就不会有任何知识，因此，对这些'权力-知识关系'的分析不应该建立在'认识主题相对于权力体系是否自由"这一问题的基础上，相反，"认识主体（the subject who knows）、认识对象（the object to be known）和认识模态应该被视为权力-知识的这些基本连带关系及其历史变化的众多效应。"（Foucault 1975 tr. Eng. 1995：27-28）. 有关技术化科学通过诸如消费等实践活动塑造个人经验的论述，参见 Micheal （1998）以及 Elam and Bertilsson（2003）；而技术化科学通过医疗卫生实践活动塑造个人经验的论述参见 Price（1996）。

技术化科学顺从经济学家乔赛亚·斯坦普爵士（Sir Josiah Stamp）1934 年在英国科促会演讲时所提出的规则也同样难以付诸实践。斯坦普呼吁"中止科学发明和发现"，以便让人们有喘息之机，从而可以依照日新月异的环境调整人类的社会和经济结构，他称当前的情况为"尴尬的技术过剩"（cit. in Merton1938b：262）。

后学院科学的本质属性带着合成性质，也有着分裂性色彩，充斥着各式各样的相互冲突的势力和压力（包括了来自非专家群体的压力）。严格来看，这就使得后学院科学与死板的自我约束或是单纯的权力运用互不相容。今天，无论是后者还是科学家自己都无法"停止"技术化科学的步伐，纵使他们想这么做；科学家的实验室太容易受到患者、活动家以及商业人士期望的影响；公民、消费者和决策者在他们的日常活动和生活中又太过于依赖技术化科学。

4.5　技术化科学中立性的假定

"我们可以假设这样一点：一个天使从天堂落入了凡间，向美国人允诺了某项不可思议的发明。此发明简化了大众的生活；伤者可以接受快速治疗；交通时间被大幅缩短；家人和朋友关系变得更加亲近……天使的恩惠为人类带来了福利，作为回报，天使要求美国每年在国会大厦台阶上献祭5000名美国公民。"

据说哲学家莫里斯·拉斐尔·科恩（Morris Raphael Cohen）以这则轶事来开启自己的伦理课程。莫里斯向学生发问他们将如何答复天使，并让学生们就此展开讨论，之后，莫里斯提醒同学，美国每年都有5000人死于道路交通事故（Gusfield 1981：3-4）。

另一个阻挠我们从技术化科学僵局中逃脱的顽固错觉在于，认为科学研究和技术创新的结果在道德上以及政治上都是不偏不倚的，是政治和社会对研究和技术的运用决定了对其"好"或"坏"的价值判断。该错觉被阿尔佛雷德·诺贝尔强化，他因自己发明了炸药而感到"追悔莫及"，为弥补对其发明的不正当应用，他在自己创设的奖项中表达了夙愿——奖项的目的在于奖励那些把自己的发明和创造用于为人类谋最多福祉的科学家们。随后，特别是在两次世界大战时期，诺贝尔奖继续在另一个层面培养出了时而矛盾的中立性理想：科学家对国家之间的冲突漠不关心。尤其在19世纪，诸如法国科学院在拿破仑战争的高潮时将荣誉授予英国化学家汉弗莱·戴维（Humphry Davy）等一系列事件成为了中立理想的缩影，中立性促使政治和科学间出现了这样一种对照："前者带有险恶的偏向性，而科学则拥有稳定的理性"（Friedman 2001：81）。接下来的一个世纪里，血腥的战事接二连三，值此期间科学必须保持住其中立的形象，这与中立国瑞典的努力遥相呼应，诺贝尔奖正是在瑞典颁发的。比如，在两次世界结束之时，瑞典科学院毫不踟蹰地奖励了两项成就，它们都与军事事业密切相关：化学家弗里茨·哈伯（Fritz Haber）主导了德国军事项目，发现了相关的气体可被用于化学战事中；化学家奥托·哈恩（Otto Hahn）发现了核聚变，其发现的第一次核心应用摧毁了广岛市，只在此 4 个月之后，奥托就获得了诺贝尔奖（1945）①。

这一中立性的假想却轻易地与技术统治观和伦理观不谋而合：技术官僚认为技术化科学自始至终都是中立的；而伦理道德观却相信，技术化科学的价值判断取决于其生产者和使用者性质的"好"或"坏"。

当今技术化科学产物的混合性本质，加之知识共同生产的过程，这些都不断地与中立性观念相悖。自动化的安全带——如果驾驶员没有系上安全带，汽车程序将无法启动——确保了某类被认为更为安全或符合社会需求的行为的履行。不再仅是技术化客体使得某种道德及社会政治的观点具体化，还有技术混合物的作用。因此，一张可以关闭酒店电源的磁卡钥匙，或一条可以防止复刻 CD 的保护码，这类技术所配置的性能就像行为习惯良好的

---

① 有关诺贝尔奖与"文化政治中立性"的论述参见 Friedman（2001）。有关授予哈恩奖项的研究，参见 Bernstein（2001）和 Maurizi（2004）。

酒店客人和音乐消费者所拥有的品质（Friedman 2001：81）。同样地，由于艾滋病对人体构成危害，导致了较高的死亡率，多年来有关该疾病的研究一直享有突出的优先权，加上专家和主管部门对艾滋病问题的正视，抗艾药物只需要一半的时间就能被批准上市，这些都是某一特定社会问题和其相对重要性的具体表现。

此外，技术统治的选择并未将技术化科学的政治维度排除在外，只不过使其变得模糊不清。这促使了丹尼尔·卡拉汉（Daniel Callahan）就医学健康领域的科研和技术展开了分析。该科研领域在20世纪取得了进步，使得发达国家人口的平均预期寿命从45岁延长至75～80岁。但是，依卡拉汉来看，医学知识和技术的跃进并未与健康水平的显著提高相匹配，接受医疗保健的预期人数却不断地增长。从20世纪60年代伊始，美国的人均医疗开支增长了791%，国民收入给医疗卫生配给额比例增长了269%。那么，根据卡拉汉的研究，这意味着什么？

这意味着，在联邦预算崩溃之前，没有人会对在医疗卫生领域获取少量边际效益的机会说"这足够了"，然而这样边际收益却是建立在巨大的社会开支之上的。这还意味着，在由技术化科学进步带来惯性阻力的外表下，对完美体格的梦想以及对疾病、老龄、死亡等概念的根除已然潜移默化地成了政治和社会目标的绝对优先考虑，于是乎，资源从如预防、姑息治疗以及发展中国家合作开展的其他一些医疗卫生活动中被挪走，而其他类似教育或社会安全等社会对象所获得的资源支持也逐渐变少（Callahan 1998）。

相同的原因也适用于解释欧盟一而再再而三的公告。欧盟决议将每一成员国的研发投入占国内生产总值的比例提高至3%。这便是所谓的里斯本议程制定的目标之一，作为实现"欧盟知识型社会"的必要条件，主要致力于欧洲经济复苏，甚至是欧洲社会复兴。当然，很难发现有谁会怀疑增加研发投入的需求，实际上，在科学共同体或是欧盟政客的代表中，没有任何人发声来责难里斯本议程。该共识似乎带着极大的煽动性，竟无一人察觉到为了实现这一宏伟目标所需要担负的政治责任。摆在欧盟各国政府领导人和公民面前的问题是："为了增加研发投资，你们将准备放弃些什么？你们是否愿意削减教育开支？医疗开支？养老金开支？"

确实很难把传统的"好/坏""有益/有害""右倾/左倾"以及"保守/激进"的分类同技术化科学争论中出现的政治维度相关联。每一个技术化客体都被某种网络存在所包裹。该网络不仅由科研人员和其研究成果所构成，还包括了社会运动、患者、记者、商业人士，而个体、家庭、自然、社会等概念也被包含其中。反之，要是没有这样一个网络的存在，从技术上看，极为复杂和高效的客体将不可能产生。比如，为了防止伤害行人而设计的汽车技术被许多机构视为道路安全政策的主要优先考虑。从技术观点看，合乎专家要求的设备已经存在了多年，但是这种技术存在的一个弱点在于其难以说服技术使用者——汽车制造商以及消费者，因为于使用者来说成本开支并没有产生相应的直接收益，其次，该议题在联合有影响的公共舆论动员时显得心余力绌，以致对此问题的立法需求难以付诸实践（Hamer 2005）。

是否技术化医学的政治理念就是不断追求将人类寿命延长 20 到 30 年，聚焦于相关技术的创新上，全然不顾巨大的经济投入成本？要知道这些经济资源是从其他一些诸如预防研究活动或是教育这样重要的政治和社会举措中挤出的。或许在 20 世纪初的欧洲，这种理念还言之有理，但依照卡拉汉的观点，此理念在 21 世纪的美国将走投无路。类似前面提到过的汽车技术的例子是技术统治主义拥护者的一张王牌，他们用此来强调过分的政策管制和非专家的担忧阻碍了创新扩散。如果汽车是今天发明的，它被要求满足所有的行政限制，且须考虑到方方面面，那么，厂商的生产请求将永远不可能被批准。随着对环境和能源的担忧以及在预测全球汽车的潜在保有量将达到十亿量级而非百万量级的情况下，有人也许会煽动性地发问道，今天我们是否能真的确信，汽车对个体移动性问题的技术回应还是政治关注的重点？

从这个角度看，转基因生物技术在欧洲的破产并不是由严格意义上的技术因素（对人体健康所宣称的或实际的危害性）或道德因素（相关跨国公司的贪婪以及科学家的诚实）所造成的，而是因为相关群体缺乏政治眼光，他们没有把农民以及消费者看做是支持这类技术创新网络的必要组成部分，也并没有考虑到转基因食物在众多国家的文化意义，此外，还有或错或对的杂糅在一起的根深蒂固的态度，涉及美国跨国企业、生活方式的标准化、生物以及文化多样性的减少。

4.6 知晓如何计算的马

"你或许听说过马和狗能会数数或计算。却只能在马戏团里看到它们。驯兽师让动物进场，观众向动物们提出一些简单的问题。比如，4乘以3得多少，或是12除以6得几。在第一题时，马儿开始以跺蹄发声来作答：1、2、3、4等，直到发出12声便停住。在回答下一题时，狗儿将会吠叫两次。这屡试不爽（或者说动物们几乎不会出错；纵然出错也无关痛痒，甚至科学家也会犯错）。驯兽师是如何察觉到动物有表演简单算术的本领？他们为何决定要训练动物？他们以这样的假设为开头：动物们有智力，能够找到答案……我们知道（或我们认为我们知道）这些马儿和狗并不是真正意义上的会数数。它们只不过是对驯兽师细微的动作做出反应罢了。马儿开始跺脚作答——1、2、3……直到12时,驯兽师悄悄收起了动作。马儿能对驯兽师的停歇准确作出反应……因此,认为是马儿"惊人的计算能力发挥了作用的想法被证明是错误的"(Feyerabend 1996：52)。

科学哲学家保罗·法伊尔阿本德(Paul Feyerabend)用马儿(显然)知晓如何计算这个比喻来证明现代科学卓越的实践性成功并不一定会得到以科学唯物论为核心的世界观的完全认可[①]。且不对论点的具体哲学价值优越性作出论断,其能够展现出一个重要的元素,以理解当今技术化科学的公共层面,继而了解由技术化科学而引发的困境。

依照技术统治理论的观点,技术化科学已经从一种政策决议的关键资源转变为自我指涉(self-referential)的政策文化,其假定对技术化科学结果的评估会自然成为对文化的肯定。当公众要针对如生物技术的议题表达观点或是舆论动员时,他们会对这种恼人的政策文化——甚或是对超过了科学研究和技术创新的具体内容——作出回应,公众还会对代表政策文化的主导性争论和决议的假设作出回应,当然,公众也不会放过那些标准术语中政

---

① 尽管为了形容科学事业而从动物王国中攫取比喻素材有着丰富的传统,比如山猫学院(Accademia Dei Lincei)的创始人希望自己的学院能拥有像山猫一样明锐的眼光,参见 Freedburg(2002),但是,这些类比并不是为了赋予当代技术化科学某种"动物特性"。

策文化作用的表征（Wynne 2001）。技术统治论强调技术化科学能处理自己的所有不确定性（类似疯牛病、核事故等事件表明这一能力与公众眼中所见格格不入），将公众描述成是消极的、认知匮乏的群体，并将其划归到政策决议的边缘位置，认为公众肯定无力胜任决策。以此，技术统治已然发展成为自己所反对的那小部分公众怀疑主义。

还应当被强调的是，就这里所说的技术统治概念而言，其并不一定与科学研究和技术创新同时发生。同样地，对技术统治选择的评判也并非只是去责备专家群体使得技术化科学陷入了绝路。

技术统治的选择不仅填满了专家强调自身地位并企图影响决策的需求，还索性捍卫了专家用以对抗带有攻击性公众的特权。在许多具体的情况中（即更为一般地看），把问题委托给技术统治处理于政策决策者来说已经成为一个冒险的决定，对那些把技术统治当做是解决冲突和承担责任的捷径的公民而言，选择这种处理方法同样危险。非专家群体已经被动地形成了一种错觉，认为在技术化科学两难情形中总能发现技术统治的解决方案。正如我们所见，短期来看，这无疑会给专家带来个体化的效益，但长此以往的话，将给那些承担起解决技术化科学麻烦的专家们造成不利影响。我们为了处理诸如社会不公平、世界经济发展不平衡、团结（solidarity）的衰弱、家庭危机等问题而设立了相关机构并推行了相应措施，而技术化科学则已经被当做是这些措施和机构的替代物，生物医学提供了诸多例子来表明技术化科学是如何被理解为机构和措施的替代物的。专家共同体的成员甚至杜撰了"欲望医学"（medicine of desire）这一措辞来指代技术化生物医学为了满足人们改善自己外表和功能的需求其范围已经完全超越了疾病的预防和治疗，比如通过整形手术或是服用提高运动机能的药物，来实现自己外表和自身功能的提高[①]。

4.7 "双重委托"的危机

只要来自技术化科学的挑战点破了所谓"双重委托"传统的脆弱性，那么它们就是极具破坏性的，而"双重委托"却是当代民主长期的根基：将有关自然世界的知识委托给专业科学家处理，把"社会政治范围"内的知识委托给职业政客（Callon et al. 2001）。整个现代性——或根据某些学者的措辞，现代性的错误观念——便是扎根于这样的责任分配中的：一方面是，真相、蛋白质感染因子、基因排序和干细胞；另一方面则是，生态学者的担忧、牧民的利益、国际贸易协定及患者的抗议。前者被

[①] "欲望医学"这一表述由弗雷德曼（R. Frydman）引入，弗雷德曼是法国辅助生殖技术的一名学者。参见 Pizzini（1992）也可以参见 Callahan（1998）以及 Neresini（2001）。

分配给了实验室，后者则被丢给了议会。

有关真空是否存在的争论最终以罗伯特·波义耳（Robert Boyle）打败了托马斯·霍布斯（Thomas Hobbes）而告终，一些学者将此视为历史进程的转折，标志着"分配"的出现。对霍布斯来说，忽视政治层面而存在的知识协议令人匪夷所思，然而波义耳却视自己的真空泵为真理共识的可靠保证，这是不破的真相，"无论其他一些理论——形而上学、宗教、政治或是逻辑学——的结果如何"（Latour 1991，tr. Eng 1993：18；Shapin and Schaffer 1985）。

除掉所有可能对科学造成污染的社会政治不道德、物质利益、社会要素、价值判断，在科学的主要领导者以及整个社会眼中，科学获得了中立性和独立性的光环，而当评论家们倡导"科研自由"时，这或许正是他们所苦苦追寻的目标。

这就是拉图尔所说的"政治的屈辱"，哲学传统被压缩成为柏拉图的洞喻。为了抵达真理的彼岸，科学家必须让自己从"社会层面、公共生活、政治、主观感觉以及大众躁动的暴政"中解脱出来（Latour 1999，tr. Eng 2004：10）。没有这样的传统，科学或许不可能取得进步并实现建制化，但今天这一传统似乎已到了拐点。

当今技术化科学困境和论坛带着混合的属性，而技术化科学正是在这样的属性中得以发展的，这就把科学纯洁化和任务分配之间脆弱的平衡关系搞得混乱不堪：议会

（以及法庭）发觉自己总在处理胚胎细胞、放射性测量、转基因生物的比例阈值等问题；患者、利益群体、股东、生态学者却不断参与到实验室以及科学会议中。决策者和审判人员向专家发问是否应该禁止转基因面粉或是批准《京都议定书》。科学家则要求政客界定基因特性"实质性相同"的含义，或要求审判员定义何谓原创的科学发现。"科学共同体的声音"已经不再被当成是"向权力阐述真理"的神谕（Wildawsky 1979），却被看做是刺耳的合唱，不但没有缓解政策决议的僵局，反而使其越陷越深。因此，将政治争论中的不确定性长期固定在专业知识的坚实岩石上的权宜之策受到了阻挠。政治的屈辱不断加重、政治在专业科学知识结算中心的地位不断下降，这些情况的恶化最终主要伤害了科学本身。正如在类似疯牛病危机等事件中所显著表现出的那样，倘若给予舆论更大的责任，那么只要紧急事件滑出了可控范围，科学就会轻易地沦为替罪羊。

4.8 "即使真理不存在"

科学拥有自治权，于是过去对科学，尤其是对其自治权的担忧主要是认为这会抵挡住民主参与的压力。一直到了近期，这一问题才得到了颠覆：技术化科学明显地给政治带来了新问题，而政治——尤其是民主——能否抵挡住大量的技术化科学的渗入（可参见 Rusconi 2004）。

要是由复杂的决策以及"技术上的生命再生"所带来的挑战并不意味着亟待解决的问题而是一个重返政治和民主的机会，那么有关世界观和人类之间的不只是例行的而是全面而坦诚的讨论将会怎么样？

当胚胎干细胞技术问题在意大利颇受非议之时，许多评论员指出英国是意大利的竞争对象（可参见 Boncinelli 2004）。然而在英国，胚胎细胞研究已经持续 30 年成为议会内外政治辩论的焦点。到了 1978 年，随着第一例"试管婴儿"路易斯·布朗（Louise Brown）的出生，议会便讨论起了沃诺克委员会（Warnock Commission）的议案：允许科研人员采用 14 天以内的胚胎细胞来做实验。对议会记录的分析显示，两方（议案赞成方和反对方）各自阐述了自己所预想的通过议案和不通过议案时将会出现的"情况"。带有讽刺意味的是，那些支持胚胎细胞研究的人士引述了弗兰肯斯坦（科学怪人）的情节，以此论证反方的观点是无稽之谈（Mulkay 1997；也可参见 Turney 2000）。人类和人类未来的情形：商店里为我们摆放着什么？我们想要获得什么？如果不是政治家，谁又能就这类问题向自己发问？

实际上，这种挑战可能是解放政治并充分实现政治目的的机会，迄今为止，政治还不得不先是向宗教再向科学询问它们是否知晓自己的目的。

放弃技术统治授权所提供的令人安心的担保是为了实现这一个过渡付出的合理代价。当然，这并不意味着要摒弃专业的科学知识，要是没有了专业知识，当下的政治争论和公共辩论将变得不可思议，而上文已经就此原因进行过分析。对政治依附于技术化科学可能性的质疑，这必定与民主和理性相吻合。通过质疑，双重委托的危机——借用拉图尔的另一种表述——使我们面对这样一种科学："其摆脱了政治的束缚，远离了政治"（Latour 1997：232；也可参见 Latour 1999，2003）。

在一系列与意大利有关辅助生殖技术争论期间被广泛援引的文章中，意大利政治学家吉安艾瑞克·卢斯科尼（Gianenrico Rusconi）认为问题应该被表述为"*etsi deus non daretur*"（"即使上帝不存在"）。这就是说，凭借这一世俗原则的基础，参与辩论的各方都不应当试图去"通过权威将自己的所信仰和坚信的真理强加于人"（Rusconi 2002：670）。

因此，政治要是想在不推卸自己责任的同时完全理清同技术化科学的挑战和后学院科学的贡献的关系，那么可能会陷入"即使真理不存在"（*etsi veritas non dare-*

tur)① 的困境。换句话说就是，不要指望专家知识能为那些长期养成的错觉提供锚固（此错觉是政治和公共舆论所培养的，而不是由专家养成，虽然专家常常把自己当作是引起自己和决策者以及公民关系争论的来源）。这种政治将会带着彻底的、加倍的"世俗性"，因为它未将责任委托给某一具体的宗教观（或伦理观），也并未交给专业科学知识来调停。

考察那些由生命科学所引发的重要问题，我们需要承认的是，这比探讨胚胎细胞的状态以及科学和伦理、不可知论和天主教的辩论要危险得多。除了改造环境的能力，在历史上，人类初次具备了修正自我的能力。关键的问题在于，我们是该迎接挑战还是避而不见。那些支持批准生命科学的人士必须坦诚地承认，他们不仅呼吁个体的科研自由，还倡导人类主动积极的（政治合法性的）变革观。相反地，有必要意识到"自然状态"（state of nature）并不是某种原始赋予，而是一种理想（等同于政治合法性），对它的追求需要同样多的科研和技术支持。

一旦我们认识到当前的困境所表现出的演变不仅超出了当代生物学所提供的可能性范围，还越过了科学和技

---

① 这里有必要重复一点——也是全书需要强调的——本研究提及"真理"的概念并不涉及哲学上的意义，也不具备某一特定认识论的含义，仅仅只是表征了社会学的含义。因此，"真理"只是简单地指代结果、观点或是陈述，被正在讨论中的行动者（决策者以及公众舆论）用以准确地明确自身决定。

术的可能性边界,那么决策者表现出的彻底的政治属性就会越发明显。以最近被热议的一个事件为例,中国香港的诊所宣布基于与受精发生时期有关的复杂计算,它们可以让父母选择自己孩子的性别①。如果这一宣布被证实了,将会产生什么样的影响?公共机构对这一事件又会持什么样的态度?仅仅就因为技术涉及了操控胚胎细胞的基因,决定我们自己孩子性别的可能性就会使得我们备感不安?还是因为技术挑战了我们对生殖、遗传、概率以及个体命运的坚定信仰(Glli della Loggia 2004)?万万不能高估科学在解决我们面临的困难时所发挥的作用,与此同时,也不应该夸大科学对制造这类麻烦所负有的责任。当代生物学的进步只不过是由更为广阔的对"人"或"家庭"概念造成影响的社会和文化变化序列中的某一部分。

乔治·伊斯哈艾尔(Giorgio Israel)写道,"我们应该怎样思考生命、死亡和健康,应该怎样看待我们处理自己身体和意识关系的方法,以及思考孩子对我们来说意味着什么",这些能"被遗传学家所解决"的都不该成为问题。任何期望询问自己身份和未来的社会,才会把这些问题当做关键。而这也只是表面看起来全新的困境。正是认为要把这类问题隔离在政治之外、仅交给技术科

---

① Hong Kong clinic says it lets parents pick baby's sex through good timing,*The Japan Times*,18 October 2004。

学来处理的自我安慰式的、长期养成的错误观念的扩散，才是全新的，或许也是最令人倍感困惑的难题。喜欢也好，不喜欢也罢，重新开启有关我们想要在什么样的世界中生存的讨论时刻或许已悄然而至了。

4.9 选择我们想要的世界

总之，类似公众参与到技术化科学过程、由技术化科学而引发的危机和冲突等现象标志着伴随这些转变而不断出现的压力已经波及了民主政治。事件的发展过程受到了科学和经济的引导，而这些现代之物却努力排斥民主政治（可参见 Beck 1986）。然而，如何能直截了当地界定这类现象构成了什么样的政治和民主。

大量科学技术专业知识的注射"麻痹"了民众。这些专业知识不仅包括了自然科学知识，比如可以考虑经济政策的决议，而被"麻痹"了的民众已不足以解决当今社会所面对的关键难题。然而，这也不足以说服我们相信通过将民主注射给科学就能不费吹灰之力地解决同样的难题，当民主被以"大多数人投票决定"这样一种最为简单的方式理解时，这种看法更不切实际。将公众商讨的选项解释为公民投票，这种方法近些年被不断用来解决有争议的技术化科学问题。意大利的一次公民投票阻止了本国的核能发展（1987）；瑞士的一场全民公投为转基因植物活体的创造和专利化开辟了道路（2005）；加州人民的投票则批准了政府资助胚胎干细胞研究（2004），瑞士的投票也达成了相似的结果（2004）；意大利的一场公投决议维持对胚胎细胞辅助生殖技术和实验的监管，而投票的发起人实则认为这样的监管太过严厉（2005）。

然而，公投法将公民信息库和常被提起的信息误导这两个问题连接了起来，其中公民信息库极有可能包括了整个选区，而信息误导则是指公众针对待定的特殊事务的意见。这一问题不能忽视——正如那些把所有的决议委托给公民个人道德规范的人士乐意干的那样——却也不应当把问题绝对化以唤起技术统治式的代理。当然，这必然是摆在政治面前的一个难点，这并非是技术化科学时代特有的问题，而是普遍意义上民主独树一帜的特征。权威的政治学者把它当做是采用直接协商时所面临的主要障碍。正如政治学者乔瓦尼·萨托利（Giovanni Sartori）提出的："即使大众信息库保持现状，但只要我们还在用选举民主（electoral democracy）处理问题，或者说，只要公众舆论还在以选举的方式表达意见，那么这种方法将会成为一个可容忍、可接受的缺陷……但是，对以全民公投为基础的民主来说，舆论并不足以表达其目的；知识也很必要。实际上，这是一次质的飞跃，一次巨大的飞跃，我们所有的知识否定了自己的可用性。"（Sartori 1993：75；87）另外一点则是，正如再三重复的，已经存在的或预计出现的新事物，或者说当代技术化科学困境的巨大复杂性过去常常对民主构成了困扰。就像1993年的那场公投那样，意大利公民是否还真的就可以轻轻松松地在比例选举制和多数选举制之间作出抉择？要知道，权威的政治家和政治学者仍然在激烈地讨论某一选举制度对政府稳定性的作用。对于1975年英国的选民来说，他们又是否真的很容易就可以在自己国家加入欧洲共同市场的利与弊之间作出权衡呢？

除去这些决议固有的复杂性不说，作出决议的背景可能已经出现了变化。这不仅是因为上述科学以及科学认知的转型而造成的，还因为当代民主正在发生更为广泛的变化。换句话说，复杂的决议，包括有关技术化科学的问题，过去依据的理念是专家的知识和其作用，决议的制订似乎并不复杂。"真理在此"（*etsi veritas daretur*），专家意见能够明确地、毫无问题地引导选择。

然而事实上，我们把民主看作是来自正直的"赐予"，技术化科学必须与之相符，而这恰是技术统治和伦理道德立场正直性的真实写照，也是社会和民主参与所追求的品质。如果说当公民走进实验室时科学就变了，那么当科学家加入到公众抗议或是特意将社会担忧混合到类似"道德的"胚胎干细胞等新的科研领域时，同样的变化也将不可避免地发生在民主身上（Meissner et al. 2005；也可参见 Testa 2006）。此外，不仅就具体能力而言，（根据一些学者）还包括了在塑造民主的辩论风格方面，科学在过去两个世纪为民主贡献了举足轻重的作用，这一点毋庸置疑[1]。

来自技术科学的元素不断地巩固和支持了"隐性民主化"进程，或许这并不十分突出，但却随处可见，这一进程也重新定义了如信息技术或娱乐产业等领域内生产者和用户的关系。当下的开源软件的例子极具代表性，只消试想一下多媒体技术的创新在多大程度上促进了消费者生产和传播自己的声音、影像作品，或是促进了消费者参与到他人作品的创作过程中。同样的，对传统民主论坛在全球化挑战背景下在包括和代表公民意见能力方面的批评可以看成是迫使公民更多参与到技术化科学进程当中。在传统的民主论坛里，关键性的决策常常是在缺乏公民直接影响的层面作出的，比如，当代的主题和被充分讨论的焦点问题——"民主缺陷"——常被一些欧盟和国际性机构提到[2]。当然，科学和技术创新并非是与挑战毫无干系，在这些挑战中，技术和科学创新突出并

---

[1] 比如，这是 Ezrahi（1990）提出的理论，即民主的诞生离不开以实验方法为代表所具备的"实证"特质，这与以专制主义政体为代表的"庆祝风格"相反（Ezrahi 1990 特别是 pp. 73 and ff.）。

[2] 比如，有关欧盟机构所论及的这类问题的概述可以参见 Burns and Andersen（1996）。

培养了吸收和排除过程，这一过程则重新定义了公民权本身的含义，也对民主参与的条件进行了二次诠释（Jasanoff 2004a）。这一方面的内容为全新的欧盟宪法所考虑，虽然还主要是在传统监管的层面："鉴于社会变化、社会进步、科学和技术的发展，必须加强对基本权益的保护……"[①]

以一种更为基本的视角看，公民特性通过如消费等实践行为日益受到了技术化科学要素的影响。以此出发，就对政治和法律至关重要的个体或人来说，确定个体责任的困难性——削弱像生物伦理这类选项力度的个体责任——并非为技术化科学所独有，还反映在更为一般化的解集和重聚合过程中，而这一过程则是受到技术化科学的推动。电脑技术的例子很有代表性：如果没有中心服务器，那么P2P文件传输网络的责任该归属于谁（在犯罪的情况下）？如何能从政治和法律角度对以网络行为为代表的"多重或破碎特性"进行定义？（Turkle 1995；Paccagnella 2000）

总之，将当代技术化科学困境委托给传统民主系统所产生的问题并不亚于委托给技术统治。这促使了像卡伦这样的学者提出了民主转型的概念："委托民主"转向"技术民主，更为准确地说，便是使得我们的民主能够负荷那些由科技迅速进步而引发的讨论和争辩"（Callon et

---

① *Treaty Establishing a European Constitution*，Brussels，13 October 2004，71.

al. 2001：23-24）。"双重委托"在其两个方面同时存在着脆弱性，像冰岛卫生部门数据库等的事件便十分明确地彰显出了这种脆弱性。冰岛议会以微弱的多数票决议将12年的数据库专有权划拨给某一私有企业（de Code Genetics），同意该企业来建设、维护、经营数据库，此数据库囊括了所有冰岛居民的医疗、谱系和基因数据；这一决议引发了巨大的争论（Arnason 2001）。

不仅是因为科研和技术创新的步伐加速并不断地带来了棘手的问题使得技术化科学的困境出现。当代民主对在一种全然不同的民主语境里来处理技术化科学变化的需求也是造成困境的原因。

下述事实可以证明以上观点。如果没有民主，或者更具体地说，缺少了某些对两个转变过程都颇为关键的要素（比如媒体或公众参与），那么困境也就不可能出现，而技术统治回路也将依靠自身力量持续运行。譬如，在朝鲜、古巴，并未出现有关转基因生物或是生殖性克隆技术实验等问题的半点儿争论（参见 Lévy-Leblond 2003）。

总而言之，技术化科学挑战无疑为从更完满的层面来重新建立民主概念提供了良机，譬如，将民主定义为一个讨论和开放的环境，任何一种话语或是语言都在其中有一席之地，甚至是科学语言。这便是卢斯科尼（Rusconi）的建议中呈现出的民主，这样的民主是世俗的，不仅是因为它是"非忏悔式的"，还因为这样的民主并不依赖于所谓的专业科学知识的确定性,但这并不意味着这类民主天然地对科学的理由漠不关心①。

填补由"双重委托"而出现的裂缝尤其具有挑战。这并不是着力于技术化科学和民主的不同面就可以实现的,而应该在二者的交叉点上下工夫。正如希拉·贾萨诺夫(Sheila Jasanoff)着墨的那样:"自然知识领域的创新和其技术转化需要相应的社会创新提供动力。"混合的难题以及不断增多的技术化科学知识共同生产的形式要求混合式决策论坛的出现,使得传统上被分隔开来的各部分(实验室、国会)一体化,在这样的混合论坛中,我们能够——或者说自欺欺人地认为我们能够——使自然世界和社会世界的不确定性分开。

根据我们所读到的拉图尔有关成立"事物议会"(parliaments of things)的煽动性建议,可以知道拉托尔认为在这样的议会中,自然和社会存在被彻底探究的可能性,因此,全新的实验"方法规则"将同时得以建立,这种方法规则不再只是科学的,而是社会-科学性(Socio-Scientific)的——就如全球变暖、疯牛病、转基因食物那样;这类实验打破了专家和非专家的差别,同时模糊了实验室的界限,将实验的空间范围延伸到了家庭、公司、

---

① 卢斯科尼要求这类世俗性的辩论不应当以"企业-科学"(Enterprise-Science)为条件(Rusconi 2002: 67),因此,这种需求或许显得过分。正像人们所说的那样,如今的公共争论受到了科技要素的浸染。如果辩论不受到这些要素的渗透,那么有关技术化科学困境和危机的讨论将不复存在。

农场和医院（Latour 2004）。

为了满足建立不同的有关技术化科学议题的参与和民主决策形式的需要，已出现了不少尝试（这些尝试或多或少都是有意为之）。类似共识会议和公民陪审团这样公众参与的制度化形式早已存在于诸多国家，最近意大利也出现了这种参与形式（参见第三章；Pellegrini 2004）。诚如我们所见，初始预期、讨论的相关问题、活动融合传统决策机构的能力以及活动在多大程度上让公众有意义地参与其中，这些因素使得参与活动的效果不尽相同。

当然，仅仅通过让公民、利益相关者和科学专家共同来尝试解决技术化科学僵局的方法很可能取代对技术统治的迷信，同样也将取代对乌托邦和伦理规范的执迷。而这样的讨论方式为各方之间达成理性的协定提供了可能。

上述的讨论有利于点出一系列误解，这些误解常常决定了这类推动公众参与科学讨论活动的结果和有效性。

第一点误解在于，这类制度化参与决策活动有必要消除不同参与对象之间的所有差异。这一信念与高度被还原的民主讨论概念相悖，所谓的民主讨论应该包含了冲突、针锋相对的观点、差异化的解决方案和决议等要素，这些要素很难让每个人都心满意足，但原则上却可以实现不同观点之间的相互认同，尽管这不是最终的结果，至少这个过程能产生最终结论。

第二点误解是，只要增加参与决策过程对象的数量，就可回应技术化科学的挑战，尤其是公众参与的需求，就好像只要让参与者全登上科学研究和技术创新之车，火车便可飞驰而行似的。这一想法不幸地与蛊惑人心的技术统治传教观相似，用单向传播取代了对话模式。最可能的结果便是全民公投，从严格的数量观来看，这一方法使得公众参与的数量最大化。

正像获取信息的行为不应当与被迫忍受技术化科学传播活动的义务相混淆一样，把民主社会中的公众参与权利——这不断地在技术化科学领域中被提出——与不惜一切代价让每个公民都有不断参与其中的义务混为一谈，亦显得毫无意义。

在技术化科学危机以及技术化科学领域参与过程的表面所浮现出来的并不是普遍性和直接性的参与需求，而是渴求透明的、负责任的决策过程的出现，这样，公民便可在特定的情景和具体的条件下得以发表自己的观点。这类决策过程应当能够处理新的冲突和不确定性，而不是试图以技术能力和个人良知等压倒性手段来处理问题——技术统治和伦理规范便是在这么做的。

技术化科学僵局的出路并不是让公民和科学家坐到一起，草率地将二者组织起来进行洽谈，认为这样就可以消除所有可能性的混乱和异议，"照常营业"便能得以恢复。

公众参与不是为技术化科学进步而给付的抵押品；也不是另一种技术统治，为了不让社会冲突改变技术化科学的航线；也并非是一个简易按钮，控制按钮便可依照任何某项研究政策的需求来决定是否激活某一过程。正如所提到的那样，以上观点之所以行不通在于，无论你喜欢与否，鼓励与否，公民参与科学的活动已然发生。回顾过往，公民的观念并不是需要被担心的问题：技术化科学出现之时，社会并未参与其中。和非专家的对话不是"社会润滑剂"，它只是在技术化科学的决策机制受到了具体的争论影响而停滞不前时才使用的。只有当对话能顺利在"和平的情况"下施行，并且不仅是为了边缘化问题而开展，譬如还为了收益成本分析，这样活动对参与其中的不同对象来说才具有意义（Bijker 2004）。

这并非是要去修饰已经有结论的技术化科学过程，也不是要给技术化科学过程颁发"社会可持续性"的执照。真正的挑战在于如何把公众参与和公开民主讨论引入定义技术化科学议程的初始阶段，或是在活动开始之时我们就能意识到这个问题[1]。

公共辩论和公众参与好似是最后一刻才受邀品尝预先设定（丰富而复杂的）菜品的客人，只给他答复"参与"或"不参与"品尝菜点的选项。继续照此的话，只会促成这样一种政治观：对技术化科学的"事后"管理。这就有可能让非专家意识到只有放弃自己手中的科研和技术创新产品，他们的声音才能为社会所闻。因此，在最佳

---

[1] 英美文献用"上游公众参与"指代这一过程。

的自证预言传统中，相互之间的不信任变得愈发严重，徒增了"文明冲突"的风险，这不仅引起科研人员的充分担忧，还使得那些明白之士倍感忧虑，他们知晓科学研究和创新被完全合法化并被社会层面和政治层面所接受的重要性——科学研究和技术创新的内容和过程都需要被社会和政治层面接受。

如今在我们所面对的技术化科学中，专家和非专家、科学和社会的分类以及二元对立显得多此一举。特别在某些领域，技术化科学本身就产生于多样性的、不稳定的认知体系，其中包括了专家、公民、患者、企业和活动家（Irwin and Michael 2003）。

当前的转变似乎比尼尔肯（1977）所说的20世纪有代表性的宣传标语的变化显得更为彻底。20世纪30年代的标语是"科学发现—工业应用—人类遵守"，到了70年代成为"科学发现—工业运用—人类控制"，当前的标语则可能是"科学、工业和社会共同发现、运用并决策"。

此外，混合型论坛和知识的共同生产迫使我们发现，在广泛的意义上，"政治化"的进程正在如火如荼地推进中。那些向政府妥协的美国科学家们已合法地参与到了政治当中："禁止将联邦经费用于培养新的胚胎干细胞，但假定胚胎干细胞的获得合乎道德伦理要求，则允许将经费用于此类已获得干细胞的研究。"（Shaywitz and Mellon 2004）那些相同通过克里斯托弗·里夫（Christopher

Reeve)——倡导干细胞研究的知名活动家——的死来煽动情绪以说服公众舆论意识到治疗性克隆技术重要性的人士,他们不是也参与到了政治当中?(Farkas 2004)如果说物理学把自己的"纯真"丢在了广岛,那么生物学则把"贞洁"落在了1974。当年,一些知名的反对人士发动了一次历史上著名的公开呼吁,要求他们的同事中止 DNA 重组研究,以保证研究的影响能得到评估①。

因此,我们难道不该察觉到今天的每一种技术都体现了一种世界观,每一个研究项目背后,都早已蕴含着一个政治项目——这即是人类的愿景和其在自然中的位置——而我们是否是以此为基础来讨论问题并作出必要的决策?我们是想要去解决非洲水资源问题,还是想要造出不以水为生的人类?我们是想要更多有效的疾病预防手段,还是要让人们拥有基因改造的肝和肺,这样人类就可以肆意抽烟喝酒?就像今天的所作所为,对转基因生物或是干细胞的讨论在数十年高成本的研究和实验室实验之后或许有助于培养出"自由"科学的修辞,但这却冒着巨大的失败风险,风险的含义还不只限于研究者。将民主带到技术化科学的核心中来——亦是把技术化科学带到民主的核心中来——将迫使我们追问:我们能树立什么样的世界观,我们要选择什么样的世界观,又怎样能试着去实现它?如果说科学已重要到不能只留给科学家们独自享有,那么民主注定

---

① 所谓的《贝格公开信》(Berg Letter),参见 Berg et al (1974)。

也离不开科学家们的献计献策。取代技术统治观的肯定不是走向无科研、无技术创新,而是迈向这样一种民主:技术化科学在其中乃是有价之宝,而非逃避困难政治决议之托辞。这样一种民主被融入了决策论坛和过程中,政治不确定性和技术-科学(Technical-Scientific)不确定性方可在开放的环境中进行探讨。

但是,这要求我们抛弃视技术化科学和社会、政治之间的关系为零和博弈的观念,这种观念认为任何对民主参与的妥协都是对专家知识地位的侵蚀和污染。有必要认识到公众对转基因生物或核能发电厂抗议活动是社会进程的另一方面,同时,市民参与争取获取资源、数据和机会以建立肌肉萎缩研究的网络。正如人们所看到的那样,还有必要认识到只有在我们自己画地为牢时,民主和专业知识才相互对立:我们把自己束缚在了类似"多数人投票"的民主观念里,还把自己局限在认为专业知识是"一个自指涉体系,其中只允许同行间的相互承认和彼此判断"的观念中(Liberatore and Funtowicz 2003:147)。

如今,知识社会不仅仅是要与民主社会"兼容并存"。如果在社会机制的不同环节——包括知识治理——中缺失民主,今天的知识社会也将不复存在。

参 考 文 献

Anspach, R.
1997   *Deciding Who Lives. Fateful Choices in the Intensive-Care Nursery*, Berkeley, University of California Press.

Arena, G.
1995   *Trasparenza amministrativa*, in *Enciclopedia giuridica*, IV vol. di aggiornamento, Roma, Istituto della Enciclopedia Italiana.

Árnason, V. e Árnason, G.
2001   *Community Consent, Democracy and Public Dialogue: The Case of the Icelandic Health Sector Database*, in «Politeia», XVII, 63, pp. 105-116.

Australian Science Indicators Report
1991   *Section Science and Technology News in the Media*, Canberra, Department of Education, Science and Training.

Bader, R.G.
1990   *How Science News Influence Newspaper Science Coverage: A Case Study*, in «Journalism Quarterly», 67, pp. 88-96.

Barnes, B.
1985   *About Science*, Oxford, Blackwell.

Bauer, M.
1998   *The Medicalization of Science News – from the «Rocket-Scalpel» to the «Gene-Meteorite» Complex*, in «Social Science Information», 37, pp. 731-751.

Bauer, M. e Bucchi, M. (a cura di)
2006   *Between Journalism and Public Relations: The Changing Scenarios of Science Communication*, London-New York, Routledge (in corso di pubblicazione).

Bauer, M. e Gaskell, G. (a cura di)
2002   *Biotechnology. The Making of a Global Controversy*, Cambridge, Cambridge University Press.

Bauer, M. e Gregory, J.
2006   *«Pus inc.»: The Future of Science Communication*, in Bauer e Bucchi [2006].

Bauer, M. e Petkova, K.
2005 *Long-Term Trends in the Public Representation of Science Across the «Iron Curtain»: 1946-95*, in «Social Studies of Science», 34, pp. 1-33.
Bbsrc (Biotechnology and Biosciences Research Council)
1996 *Ethics, Morality and Crop Biotechnology*, London, Department of Trade and Industry.
Beck, U.
1986 *Risikogesellschaft. Auf dem Weg in eine andere Moderne*, Frankfurt, Suhrkamp; trad. it. *La società del rischio. Verso una nuova modernità*, Roma, Carocci, 2000.
Bellone, E.
2005 *La scienza negata. Il caso italiano*, Torino, Codice.
Bernstein, J.
2001 *Hitler's Uranium Club. The Secret Recordings of Farm Hall*, New York, Springer.
Bettetini, G. e Grasso, A. (a cura di)
1988 *Lo specchio sporco della televisione*, Torino, Fondazione Agnelli.
Biezunski, M.
1985 *Popularization and Scientific Controversy*, in T. Shinn e R. Whitley (a cura di), *Expository Science*, Dordrecht, Reidel, pp. 183-193.
Bijker, W.
1995 *Of Bycicles, Bakelites and Bulbs*, Cambridge, Mass., Mit Press; trad. it. *La bicicletta e altre innovazioni*, Milano, McGraw-Hill, 1998.
2004 *Technological Responsibility and Social Dialogue*, intervento al Convegno «La responsabilità tecnologica», Roma, 2-3 dicembre.
Bobbio, L.
2002 *Le arene deliberative,* in «Rivista italiana di politiche pubbliche», 3, pp. 5-29.
Boncinelli, E.
2004 *I precetti e il dolore*, in «Corriere della Sera», 12 agosto.
Borgna, P.
2001 *Immagini pubbliche della scienza. Gli italiani e la ricerca scientifica e tecnologica*, Torino, Comunità.
Bourret, P.
2005 *Brca Patients and Clinical Collectives: New Configurations of Action in Cancer Genetics Practices*, in «Social Studies of Science», 35, 1, pp. 41-68.
Boyle, J.A.
1996 *Shamans, Software, and Spleens: Law and the Construction of*

the Information Society, Cambridge, Mass., Harvard University Press.
Brannigan, A.G.
1981 *The Social Basis of Scientific Discoveries*, Cambridge, Cambridge University Press.
Brint, S.
2004 *Creating the Future: Structures, Sources, and Prospects for the New University Forms*, Berkeley, University of California, research paper, aprile.
Brown, P. e Mikkelsen, E.
1990 *No Safe Place: Toxic Waste, Leukemia, and Community Action*, Berkeley, University of California Press.
Bucchi, M.
1998a *Science and the Media. Alternative Routes in Scientific Communication*, London-New York, Routledge; trad. it. *La scienza in pubblico. Percorsi nella comunicazione scientifica*, Milano, McGraw-Hill, 2000.
1998b *La provetta trasparente: a proposito del caso Di Bella*, in «il Mulino», 1, pp. 90-99.
1999 *Vino, alghe e mucche pazze: la rappresentazione televisiva delle situazioni di rischio*, Roma, Eri/Rai.
2001 *Ricerca, politica della*, in *Enciclopedia delle scienze sociali*, Roma, Istituto dell'Enciclopedia Italiana, aggiornamento.
2002 *Scienza e società. Un'introduzione alla sociologia della scienza*, Bologna, Il Mulino.
2003a *Public Understanding of Science*, in *Storia della scienza*, vol. IX, *La grande scienza*, Roma, Istituto dell'Enciclopedia Italiana, pp. 811-817.
2003b *La democrazia alla prova della scienza*, in «il Mulino», 6, pp. 1050-1057.
2004 *Can Genetics Help us Rethink Communication? Public Communication of Science as a «double helix»*, in «New Genetics and Society», 23, 3, pp. 269-283.
Bucchi, M. e Mazzolini, R.G.
2003 *Big News, Little Science: Science Coverage in the Italian Daily Press, 1946-1997*, in «Public Understanding of Science», 12, pp. 7-24.
Bucchi, M. e Neresini, F.
2002 *Biotech Remains Unloved by the More Informed*, in «Nature», 416, p. 261.
2004a *Why Are People Hostile To Biotechnologies?*, in «Science», 304, p. 1749.
2004b *Scienza contro politica o politicizzazione della scienza? La riforma degli enti e il dibattito sui problemi della ricerca*, in S. Fabbrini

e V. Della Sala (a cura di), *Politica in Italia. I fatti dell'anno e le interpretazioni. Edizione 2004*, Bologna, Il Mulino, pp. 167-187.

2006a *Science and Public Participation*, in E. Hackett *et al.*, *Handbook of Science and Technology Studies, New Edition*, Cambridge, Mass., Mit Press (in corso di pubblicazione).

2006b (a cura di) *Cellule e cittadini. Biotecnologie nello spazio pubblico*, Milano, Sironi (in corso di pubblicazione).

Burnham, J.
1987 *How Superstition Won and Science Lost: Popularizing Science and Health in the Us*, New Brunswick, N.J., Rutgers University Press.

Burns, T.R. e Andersen, S.
1996 *The European Union and the Erosion of Parliamentary Democracy: A Study of Post-Parliamentary Governance*, in S. Andersen e K.A. Eliassen (a cura di), *European Union – How Democratic Is It?*, London, Sage, pp. 371-397.

Butler, D.
1999 *The Writing is on Web for Science Journals in Print*, in «Nature», 397, 21 gennaio, pp. 195-200.

Callahan, D.
1998 *False Hopes*, New York, Simon & Schuster; trad. it. *La medicina impossibile*, Milano, Baldini & Castoldi, 2000.

Callon, M.
1999 *The Role of Lay People in the Production and Dissemination of Scientific Knowledge*, in «Science, Technology, and Society», 4, 1, pp. 81-94.

Callon, M. *et al.*
2001 *Agir dans un monde incertain. Essai sur la démocratie technique*, Paris, Seuil.

Capezzone, D.
2004 *No alla morale di Stato sulla fecondazione*, in «Corriere della Sera», 9 ottobre.

Carrubba, S.
2003 *Contro le lobby anti-innovazione*, in «Il Sole-24 Ore», 18 maggio.

Castells, M.
1997 *The Power of Identity*, Oxford, Blackwell.

Cavadini, F.
2005 *«Vivremo fino a 120 anni». I nuovi vecchi saranno così*, in «Corriere della Sera», 22 ottobre, p. 29.

Check, E. e Dennis, E.
2005 *«Ethical» Routes to Stem Cells Highlight Political Divide. Split*

Opens over Methods to Create Nonviable Embryos, in «Nature», 16 ottobre, www.nature.com.

Chemin, A.
2005   *La guerre de l'Adn*, in «Le Monde», 21 settembre; trad. it. *La guerra del Dna*, in «Internazionale», 14 ottobre, p. 44.

Chia, A.
1998   *Seeing and Believing. The Variety of Scientists' Responses to Contrary Data*, in «Science Communication», 19, 4, pp. 366-391.

Collins, H.M.
1985   *Changing Order. Replication and Induction in Scientific Practice*, London, Sage.
2004   *Gravity's Shadow: The Search For Gravitational Waves*, Chicago, Ill., University of Chicago Press.
2005   *Heroes or Villains? (Review of Duncan, D.E., The Geneticist who Played Hoops with my Dna)*, in «New Scientist», 20 agosto, p. 50.

Comin, D.
2004   *R&D: A Small Contribution to Productivity Growth*, in «Journal of Economic Growth», 9, 4, pp. 391-421.

Commissione europea
2002   *Benchmarking the Promotion of Rtd Culture and Public Understanding of Science*, Luxembourg, Office for Official Publications of the European Communities.

Corbellini, G.
2004   *Difendersi dai gendarmi della Bioetica*, in «Il Sole-24 Ore», 10 ottobre.

Crane, D.
1972   *Invisible Colleges: Diffusion of Knowledge in Scientific Communities*, Chicago, Ill., University of Chicago Press.

Danchin, A.
2000   *La storia del genoma umano*, in «Internazionale», 341, 30 giugno, pp. 20-24.

Dearing, J.W.
1995   *Newspaper Coverage of Maverick Science: Creating Controversy through Balancing*, in «Public Understanding of Science», 4, pp. 341-361.

De Carolis, M.
2004   *La vita nell'epoca della sua riproducibilità tecnica*, Torino, Bollati Boringhieri.

DeFleur, M.L. e Ball-Rokeach, S.J.
1989   *Theories of Mass Communications*, New York, Longman; trad. it. *Teorie delle comunicazioni di massa*, Bologna, Il Mulino, 1995.

Della Porta, D., Kriesi, H. e Rucht, D. (a cura di)
1997   *Social Movements in a Globalizing World*, New York, Macmillan.
Della Porta, D. e Turrow, S. (a cura di)
2004   *Transnational Protest and Global Activism*, New York, Rowman & Littlefield.
Dell'Oste, C.
2005   *Perché non serve fare i ricercatori duri e puri*, in «Il Sole-24 Ore», speciale ricerca, 23 settembre, p. 9
De Solla Price, D.J.
1963   *Little Science, Big Science*, New York, Columbia University Press; trad. it. *Sociologia della creatività scientifica*, Milano, Bompiani, 1967.
1965   *Is Technology Historically Independent of Science? A Study in Statistical Historiography*, in «Technology & Culture», 6, 4, pp. 553-568.
Diani, M.
1995   *Green Networks: A Structural Analysis of the Italian Environmental Movement*, Edinburgh, Edinburgh University Press.
Di Maggio, P. e Powell, W.
1983   *The Iron Cage Revisited: Institutional Isomorphism and Collective Rationality in Organizational Fields*, in «American Sociological Review», 48, pp. 147-160.
Dini Valentini, T.
1992   *Analisi e comunicazione del rischio tecnologico*, Napoli, Liguori.
Dulbecco, R.
2004   *Scienza e società oggi. La tentazione della paura*, Milano, Bompiani.
Durant, J. et al.
1989   *The Public Understanding of Science*, in «Nature», 340, 6 luglio, pp. 11-14.
1991   *Europeans, Science and Technology*, Washington, D.C., paper presented to the Annual AAAS Meeting.

Eberle, C.
1997   *Scienziati in immagine*, Università di Trento, Facoltà di Sociologia, tesi di laurea.
Eglash, R. et al. (a cura di)
2004   *Appropriating Technology. Vernacular Science and Social Power*, Minneapolis, Minnesota University Press.
Einsiedel, E.F.
1992   *Framing Science and Technology in the Canadian Press*, in «Public Understanding of Science», 1, pp. 89-103.

Elam, M. e Bertilsson, M.
2003 *Consuming, Engaging and Confronting Science. The Emerging Dimensions of Scientific Citizenship*, in «European Journal of Social Theory», 6, 2, pp. 233-251.

Eltzinga, A. e Jamison, A.
1995 *Changing Policy Agendas in Science and Technology*, in Jasanoff *et al.* [1995].

Epstein, S.
1995 *The Construction of Lay Expertise: Aids Activism and the Forging of Credibility in the Reform of Clinical Trials*, in «Science, Technology and Human Values», 20, 4, pp. 408-437.
1996 *Impure Science: Aids, Activism and the Politics of Knowledge*, Berkeley, University of California Press.

Espallargues, M. *et al.*
2005 *Prova pilot del sistema de priorització de pacients en llista d'espera per a cirurgia de cataracta, artroplàstia de maluc i artroplàstia de genoll*, rapporto per l'Agenzia sanitaria catalana, www.aatrm.net.

Etzkowitz, H.
1990 *The Second Academic Revolution: The Role of the Research University in Economic Development*, in S.E. Cozzens *et al.* (a cura di), *The Research System in Transition*, Boston, Mass., Kluwer Academic.

Etzkowitz, H. e Webster, A.
1995 *Science as Intellectual Property*, in Jasanoff *et al.* [1995, 480-505].

Eudes, Y.
2002 *Les pirates du génome*, in «Le Monde», 18 settembre.

Eurobarometro
2001 *Europeans, Science and Technology*, 55.2.
2003 *Europeans and Biotechnology*, 58.0.
2005 *Europeans, Science and Technology*, 63.1.

Ezrahi, Y.
1990 *The Descent of Icarus: Science and the Transformation of Contemporary Democracy*, Cambridge, Mass., Harvard University Press.

Farkas, A.
2004 *Addio a Superman, l'eroe americano che sfidò la paralisi*, in «Corriere della Sera», 12 ottobre.

Faulkner, W.
1994 *Conceptualizing Knowledge Used in Innovation: A Second Look at the Science-Technology Distinction and Industrial Innovation*, in «Science Technology and Human Values», 19, 4, pp. 425-458.

Feyerabend, P.K.
1996   *Ambiguità e armonia*, Roma-Bari, Laterza.
Fleck, L.
1935   *Entstehung und Entwicklung einer wissenschaftliche Tatsache*, Frankfurt a.M., Suhrkamp; trad. it. *Genesi e sviluppo di un fatto scientifico*, Bologna, Il Mulino, 1983.
Foucault, M.
1975   *Surveiller et punir. Naissance de la prison*, Paris, Gallimard; trad. it. *Sorvegliare e punire. Nascita della prigione*, Torino, Einaudi, 1993.
Fox, D.
2005   *Are Ivf Embryos Starved of a Vital Ingredient?*, in «New Scientist», 19 febbraio, p. 7.
Freedberg, D.
2002   *The Eye of the Lynx: Galileo, His Friends, and the Beginnings of Modern Natural History*, Chicago, Ill., University of Chicago Press.
Friedman, R.M.
2001   *The Politics of Excellence. Behind the Nobel Prize in Science*, New York, Times Books.
Friedman, S.M. *et al.* (a cura di)
1986   *Scientists and Journalists. Reporting Science as News*, New York, The Free Press.
Funtowicz, S. e Ravetz, J.
1993   *Science for the Post-normal Age*, in «Futures», 25, 7, pp. 739-755.

Galli della Loggia, E.
2004   *La chiesa, i valori, il laicismo*, in «Corriere della Sera», 6 ottobre.
Gaskell, G. e Bauer, M. (a cura di)
2001   *Biotechnology: The Years of Controversy 1996-2000*, London, Science Museum.
Gaskell, G. *et al.*
2000   *Biotechnology in the European Public*, in «Nature Biotechnology», 18, 9, pp. 935-938.
Gibbons, M. *et al.*
1994   *The New Production of Knowledge: Dynamics of Science and Research in Contemporary Societies*, London, Sage.
Gleick, J.
1992   *Genius. The Life and Science of Richard Feynman*, New York, Knopf; trad. it. *Genio. La vita e la scienza di Richard Feynman*, Milano, Garzanti, 1994.
1999   *Faster. The Acceleration of Just About Everything*, New York, Pantheon; trad. it. *Sempre più veloce. L'accelerazione tecnologica che sta cambiando la nostra vita*, Milano, Rizzoli, 2000.

Goepfert, W.
2006　*The Strength of Pr and the Weakness of Science Journalism*, in Bauer e Bucchi [2006].
Goldberg, D.A.M.
2004　*The Scratch Is Hip-hop: Appropriating the Phonographic Medium*, in Eglash *et al.* [2004].
Gregory, J. e Miller, S.
1998　*Science in Public. Communication, Culture, and Credibility*, London, Plenum.
Grmek, M.D.
1989　*Histoire du Sida*, Paris, Payot; trad. it. *Aids, storia di una epidemia attuale*, Roma-Bari, Laterza, 1991.
Grundmann, R. e Cavaillé, J.P.
2000　*Simplicity in Science and Its Publics*, in «Science as Culture», 9, 3, pp. 353-389.
Gruppo Laser
2005　*Il sapere liberato. Il movimento dell'open source e la ricerca scientifica*, Milano, Feltrinelli.
Gunter, B. *et al.*
1999　*The Media and Public Understanding of Biotechnology*, in «Science Communication», 20, pp. 373-394.
Gusfield, J.R.
1981　*The Culture of Public Problems: Drinking-Driving and the Symbolic Order*, Chicago, Ill., The University of Chicago Press.

Hacking, I.
1986　*Culpable Ignorance of Interference Effects*, in D. MacLean (a cura di), *Values at Risk*, Totowa, N.J., Rowman & Allanheld.
Hagstrom, W.O.
1982　*Gift Giving as an Organizing Principle in Science*, in B. Barnes e D. Edge (a cura di), *Science in Context*, Milton Keynes, Open University Press, pp. 21-34.
Hamer, M.
2005　*How to Stop the Slaughter of Innocents*, in «New Scientist», 27 agosto, pp. 22-23.
Hansen, A.
1994　*Journalistic Practices and Science Reporting in the British Press*, in «Public Understanding of Science», 3, pp. 111-134.
Haraway, D.
1997　*Modest_Witness@Second Millennium. FemaleMan© Meets Oncomouse™*, New York, Routledge; trad. it. *Testimone_Modesta@FemaleMan© Incontra_OncoTopo™*, Milano, Feltrinelli, 2000.

Hogan, J.
2003 *Experts Can't Agree on Internal Radiation Risk*, in «New Scientist», 19 luglio.
Home, R.
1993 *Learning from Buildings: Laboratory Design and the Nature of Physics*, in R.G. Mazzolini (a cura di), *Non-verbal Communication in Science Prior to 1900*, Firenze, Olschki.
Hooper, R.
2005a *Television Scrambles the Evidence*, in «New Scientist», 10 settembre, p. 12.
2005b *A Glimpse of Your Future for $ 1000*, in «New Scientist», 20 agosto, p. 15.
House of Lords
2000 *Science and Society. Report of the Select Committee on Science and Technology*, http://www.parliament.the-stationery-office.co.uk/pa/ld199900/ldselect/ldsctech/38/3801.htm.

Irwin, A.
1995 *Citizen Science. A Study of People, Expertise and Sustainable Development*, London-New York, Routledge.
2001 *Constructing the Scientific Citizen: Science and Democracy in the Biosciences*, in «Public Understanding of Science», 26, 4, pp. 1-18.
Irwin, A. e Michael, M.
2003 *Science, Social Theory and Public Knowledge*, Maidenhead, Open University Press/McGraw-Hill.
Irwin, A. e Wynne, B. (a cura di)
1996 *Misunderstanding Science? The Public Reconstruction of Science and Technology*, Cambridge, Cambridge University Press.
Israel, G.
2004 *Alla scienza non basta la risatina di sufficienza degli zapateri relativisti*, in «Il Foglio», 8 ottobre.

Jacobelli, J. (a cura di)
1996 *Scienza e informazione*, Roma-Bari, Laterza.
Jasanoff, S.
1995 *Science at the Bar: Law, Science, and Technology in America*, Cambridge, Mass., Harvard University Press; trad. it. *La scienza davanti ai giudici*, Milano, Giuffrè, 2001.
2003 *(No) Accounting for Expertise*, in «Science and Public Policy», 30, 3, pp. 157-162.
2004a *Science and Citizenship: A New Synergy*, in «Science and Public Policy», 31, 2, pp. 90-94.
2004b (a cura di) *States of Knowledge: The Co-production of Science and Social Order*, London, Routledge.

2005 *Designs on Nature. Science and Democracy in Europe and the United States*, Princeton, N.J., Princeton University Press.
Jasanoff, S. *et al.* (a cura di)
1995 *Handbook of Science and Technology Studies*, Thousand Oaks, Calif., Sage.
Jonas, H.
1979 *Das Prinzip Verantwortung*, Frankfurt, Insel; trad. it. *Il principio responsabilità. Un'etica per la civiltà tecnologica*, Torino, Einaudi, 1990.
Jordan, B.
2000 *Les imposteurs de la génétique*, Paris, Seuil; trad. it. *Gli impostori della genetica*, Torino, Einaudi, 2002.
Joss, S. (a cura di)
1999 *Public Participation in Science and Technology*, special issue of «Science and Public Policy», XXVI, pp. 290-374.
Joss, S. e Bellucci, S.
2002 *Participatory Technology Assessment. European Perspectives*, London, The University of Westminster.

Kantrowicz, A.
1967 *Proposal for an Institution for Scientific Judgement*, in «Science», 156, 3, pp. 763-764.
Keller, E.F.
1995 *Refiguring Life. Metaphors of Twentieth-Century Biology*, New York, Columbia University Press.
2000 *The Century of the Gene*, Cambridge, Mass., Harvard University Press; trad. it. *Il secolo del gene*, Milano, Garzanti, 2001.
Kent, J.
2003 *Lay Experts and the Politics of Breast Implants*, in «Public Understanding of Science», 12, 4, pp. 403-421.
Kepplinger, H.M.
1989 *Künstliche Horizonte. Folgen, Darstellung and Akzeptanz von Technik in der Bundesrepublik*, Frankfurt a.M., Campus.
Kolata, G.
1997 *Clone: The Road to Dolly, and the Path Ahead*, New York, William Morrow & Co.; trad. it. *Cloni. Da Dolly all'uomo?*, Milano, Cortina, 1998.

Latour, B.
1991 *Nous n'avons jamais été modernes*, Paris, La Découverte; trad. it. *Non siamo mai stati moderni. Saggio di antropologia simmetrica*, Milano, Elèuthera, 1995.
1993 *La clef de Berlin. Petites Leçons de Sociologie de Sciences*, Paris, La Découverte.

1997 *Socrates' and Callicles' Settlement – or, the Invention of the Impossible Body Politic*, in «Configurations», 5, 2, pp. 189-240.
1999 *Politiques de la nature*, Paris, La Découverte; trad. it. *Politiche della natura*, Milano, Cortina, 2000.
2003 *What if We Talked Politics a Little?*, in «Contemporary Political Theory», 2, 2, pp. 143-164.
2004 *Von «Tatsachen» zu «Sachverhalten». Wie sollen die neuen kollektiven Experimente protokollier werden?*, in H. Schmidgen e P. Geimer (a cura di), *Kultur im Experiment*, Berlin, Kultuverlag Kadmos, pp. 17-36.

Levy-Leblond, J.-M.
2003 *Scientifiques, encore un effort pour être démocrates!*, in «La Recherche», 365, giugno, p. 104.

Lewenstein, B.V.
1992 *The Meaning of «Public Understanding of Science» in the United States after World War II*, in «Public Understanding of Science», 1, pp. 45-68.

Lewontin, R.
2000 *It Ain't Necessarily So: The Dream of the Human Genome and Other Illusions*, New York, New York Review of Books; trad. it. *Il sogno del genoma umano e altre illusioni della scienza*, Roma-Bari, Laterza, 2002.

Liberatore, A. e Funtowicz, S. (a cura di)
2003 *Democratising Expertise – Expertising Democracy*, special issue of «Science and Public Policy», 30, 3.

Lippmann, W.
1925 *The Phantom Public*, New York, Harcourt Brace.

MacKenzie, D.
1993 *Negotiating Arithmetic, Constructing Proof: The Sociology of Mathematics and Information Technology*, in «Social Studies of Science», 23, pp. 37-65.
1996 *How Do We Know the Properties of Artefacts? Applying the Sociology of Knowledge to Technology*, in R. Fox (a cura di), *Technological Change. Methods and Themes in the History of Technology*, Reading, Harwood, pp. 257-263.

MacLeod, C.
1996 *Concepts of Invention and the Patent Controversy in Victorian Britain*, in R. Fox (a cura di), *Technological Change. Methods and Themes in the History of Technology*, Reading, Harwood, pp. 137-153.

Malagrida, R. et al.
2004 *An Exhibition to Promote Public Participation in Informed Social Debate on the Use of Embryos*, paper presented at the 8th interna-

tional Pcst conference, Barcelona, 2-5 giugno, www.pcstnetwork.org.

Mannheimer, R.
2003 *Via libera ai cibi transgenici? Due italiani su tre dicono no*, in «Corriere della Sera», 4 agosto.

Maurizi, S.
2004 *Una bomba, dieci storie. Gli scienziati e l'atomica*, Milano, Bruno Mondadori.

Meissner, A. *et al.*
2005 *Generation of Nuclear Transfer-derived Pluripotent ES Cells from Cloned Cdx2-deficient Blastocysts*, in «Nature», 16 ottobre, www.nature.com.

Meldolesi, A.
2001 *Organismi geneticamente modificati. Storia di un dibattito truccato*, Torino, Einaudi.

Melucci, A.
1989 *Nomads of the Present. Social Movements and Individual Needs in Contemporary Society*, London, Century Hutchinson.
1996 *Challenging Codes: Collective Action in the Information Age*, Cambridge, Cambridge University Press.

Merriden, T.
2001 *Irresistible Forces. The Legacy of Napster and the Growth of the Underground Internet*, Oxford, Capstone.

Merton, R.K.
1938a *Science, Technology and Society in Seventeenth-Century England*, Bruges, St. Catherine Press (fourth edition, with a new introduction, New York, Howard Fertig, 2001).
1938b *Science and the Social Order*, rist. in Id. [1973].
1942 *The Normative Structure of Science*, rist. in Id. [1973].
1957 *Priorities in Scientific Discovery*, rist. in Id. [1973].
1961 *Singletons and Multiples in Science*, rist. in Id. [1973].
1963 *Multiple Discoveries as Strategic Research Site*, rist. in Id. [1973].
1973 *The Sociology of Science. Theoretical and Empirical Investigations*, Chicago, Ill., University of Chicago Press; trad. it. *La sociologia della scienza. Indagini teoriche ed empiriche*, Milano, Angeli, 1981.

Meyrowitz, J.
1985 *No Sense of Place. The Impact of Electronic Media on Social Behavior*, Oxford, Oxford University Press; trad. it. *Oltre il senso del luogo. Come i media elettronici influenzano il comportamento sociale*, Bologna, Baskerville, 1993.

Michael, M.
1992 *Lay Discourses of Science: Science-in-General, Science-in-Particular, and Self*, in «Science, Technology & Human Values», 17, 3, pp. 313-333.

1998   *Between Citizen and Consumer: Multiplying the Meanings of Public Understanding of Science*, in «Public Understanding of Science», 7, pp. 313-327.
2002   *Comprehension, Apprehension, Prehension: Heterogeneity and the Public Understanding of Science*, in «Science, Technology & Human Values», 27, 3, pp. 357-378.

Mitroff, I.
1974   *Norms and Counter-Norms in a Select Group of the Apollo Moon Scientists: A Case Study of the Ambivalence of Scientists*, in «American Sociological Review», 39, pp. 579-595.

Moore, K.
1995   *Organizing Integrity: American Science and the Creation of Public Interest Organizations, 1955-1975*, in «American Journal of Sociology», 101, pp. 1592-1627.

Mori-Ost (Market & Opinion Research International - Office of Science and Technology)
2005   *Science in Society*, London, Department of Trade and Industry, Research conducted for the UK Office of Science and Technology.

Motluk, A.
2005   *Tracing Dad Online*, in «New Scientist», 5 novembre, pp. 6-7.

Mulkay, M.
1997   *The Embryo Research Debate. Science and the Politics of Reproduction*, Cambridge, Cambridge University Press.

Müller, E.
2005   *Sulla nicotina aspro dibattito tra scienziati*, in «Il Sole-24 Ore - Alfa», 15 settembre, p. 16.

Nelkin, D.
1977   *Technology and Public Policy*, in I. Spiegel-Rösing e D.J. de Solla Price (a cura di), *Science, Technology and Society. A Cross-Disciplinary Perspective*, London, Sage, pp. 393-441.
1994   *Promotional Metaphors and Their Popular Appeal*, in «Public Understanding of Science», 3, pp. 25-31.

Nelkin, D. e Lindee, S.
1995   *The Dna Mystique. The Gene as a Cultural Icon*, New York, Freeman.

Neresini, F.
2001   *Bioetica, medicina e società*, in M. Bucchi e F. Neresini (a cura di), *Sociologia della salute*, Roma, Carocci, pp. 205-237.

Nistep
2004   *Science & Technology Literacy of the Japanese Public*, a cura di M. Watanabe et al., Tokyo, National Institute for Science and Technology, www.nistep.co.jp.

Nowotny, H. et al.
2001   Re-Thinking Science. Knowledge and the Public in an Age of Uncertainty, Cambridge, Polity Press.

Nyman, D.J. e Sprung, C.L.
2000   End-of-life Decision Making in the Intensive Care Unit, in «Intensive Care Med», 26, pp. 1414-1420.

Observa - Science in Society
2004   La crisi delle vocazioni scientifiche, rapporto per la Conferenza nazionale dei presidi di scienze, www.observa.it.
2005   Quarto rapporto su biotecnologie e opinione pubblica in Italia, rapporto per il Comitato per la biosicurezza e le biotecnologie, www.observa.it.

Observa-Science in Society – Fondazione Giannino Bassetti
2003   Terzo rapporto su biotecnologie e opinione pubblica in Italia, www.observa.it, www.fondazionebassetti.org.

Oecd
1997   Promoting Public Understanding of Science, Paris, www.oecd.org.

Ostellino, P.
2005   Ma la scienza non è teologia, in «Corriere della Sera», 4 giugno.

Paccagnella, L.
2000   La comunicazione al computer, Bologna, Il Mulino.

Pellegrini, G.
2004   Partecipazione pubblica e governance dell'innovazione: valutazione di procedure per il coinvolgimento dei cittadini, http://www.fondazionebassetti.org/06/argomenti/2004_10.htm#000323.

Pellizzoni, L. (a cura di)
2005   La deliberazione pubblica, Roma, Meltemi.

Peters, H.P.
1995   The Interaction of Journalists and Scientific Experts: Co-operation and Conflict between Two Professional Cultures, in «Media Culture & Society», 17, pp. 31-48.
2002   Scientists as «Public Experts», in «Tijdschrift voor Wetenschap, Technologie en Samenleving», 10, 2, pp. 39-42.

Phillips, D.M.
1991   Importance of the Lay Press in the Transmission of Medical Knowledge to the Scientific Community, in «New England Journal of Medicine», 11 ottobre, pp. 1180-1183.

Pielke, R.A. Jr.
2005   Scienza e politica, Roma-Bari, Laterza.

Pinch, T. e Oudshoorn, N. (a cura di)
2003   *When Users Matter. The Co-Construction of Users and Technologies*, Cambridge, Mass., Mit Press.

Pincock, S.
2005   *The Chemistry of Cash*, in «Financial Times Magazine», 8-9 ottobre, p. 10.

Pizzini, F.
1992   *Maternità in laboratorio*, Torino, Rosenberg & Sellier.

Price, F.
1996   *Now You See It, Now You Don't: Mediating Science and Managing Uncertainty in Reproductive Medicine*, in Irwin e Wynne [1996].

Purdue, D.
1999   *Experiments in the Governance of Biotechnology: A Case Study of the Uk National Consensus Conference*, in «New Genetics And Society», 18, 1, pp. 79-99.

Randerson, J.
2004   *Ivf Seems Safe but Only Time Will Tell*, in «New Scientist», 30 ottobre, pp. 10-11.

Reich, W.T. (a cura di)
1978   *Encyclopedia of Bioethics*, New York, The Free Press.

Revuelta, G.
1998   *The New York Times Cures Cancer*, in «Quark. Ciencia, Medicina, Comunicación y Cultura», 12, pp. 48-57.

Riotta, G.
2003   *Limiti della scienza, bugie e mezze verità*, in «Corriere della Sera», 24 maggio.

Roberts, L.
1991   *Fight Erupts over Dna Fingerprinting*, in «Science», 20 dicembre, pp. 721-723.

Rosenberg, N.
1982   *Inside the Black Box: Technology and Economics*, Cambridge, Cambridge University Press; trad. it. *Dentro la scatola nera*, Bologna, Il Mulino, 1991.

Rossi, P.
1997   *La nascita della scienza moderna in Europa*, Roma-Bari, Laterza.

Rowe, G. e Frewer, L.J.
2000   *Public Participation Methods: A Framework for Evaluation*, in «Science, Technology & Human Values», 25, 1, pp. 3-29.
2004   *Evaluating Public Participation Exercises: A Research Agenda*, in «Science, Technology & Human Values», 29, 4, pp. 512-556.
2005   *A Typology of Public Engagement Mechanisms*, in «Science, Technology & Human Values», 30, 2, pp. 251-290.

Rusconi, G.E.
2002 *Laicità e bioetica*, in «il Mulino», 51, 4, pp. 668-678.
2004 *Embrioni prigionieri di Kant*, in «La Stampa», 28 settembre.

Sartori, G.
1993 *Democrazia. Cosa è*, Milano, Rizzoli.

Scanu, M.
2004 *Open Archives: rivoluzione o conservazione?*, in *La comunicazione della scienza*, Atti del II Convegno nazionale di Forlì, Roma, ZadigRoma.

Schiera, P.
1999 *Specchi della politica. Disciplina, melancolia, società nell'Occidente moderno*, Bologna, Il Mulino.

Schudson, M.
1995 *The Power of News*, Cambridge, Mass., Harvard University Press.

Sclove, R.E.
1998 *Better Approaches to Science Policy*, in «Science», 279, p. 1283.

Seagall, A. e Roberts, L.W.
1980 *A Comparative Analysis of Physician Estimates and Levels of Medical Knowledge among Patients*, in «Sociology of Health and Illness», 2, pp. 317-334.

Shapin, S. e Schaffer, S.
1985 *Leviathan and the Air Pump: Hobbes, Boyle and the Experimental Life*, Princeton, N.J., Princeton University Press; trad. it. *Il Leviatano e la pompa ad aria: Hobbes, Boyle e la cultura dell'esperimento*, Firenze, La Nuova Italia, 1994.

Shaywitz, D. e Mellon, D.
2004 *How to Resolve America's Stem Cell Dilemma*, in «The Financial Times», 22 ottobre.

Shiva, V.
2001 *Protect or Plunder? Understanding Intellectual Property Rights*, London-New York, Zed Books.

Snow, C.P.
1960 *Science and Government*, Cambridge, Mass., Harvard University Press; trad. it. *Scienza e governo*, Torino, Einaudi, 1966.

Solomon, S.M. e Hackett, E.J.
1996 *Setting Boundaries between Science and Law: Lessons from Daubert v. Merrel Dow Pharmaceuticals, Inc.*, in «Science, Technology & Human Values», 21, 2, pp. 131-156.

Sparzani, A.
2003 *Relatività. Quante storie*, Torino, Boringhieri.

Staveloz, V.
2002 *From Science Centre Visitors to Responsible Citizens*, paper

presented at the 7th Pcst conference, Capetown, 5-7 dicembre, www.pcstnetwork.org.

Stehr, N.
2001 *The Fragility of Modern Societies. Knowledge and Risk in the Information Age*, London, Sage.
2005 *Knowledge Politics*, Boulder, Colo. - London, Paradigm.

Tallacchini, M.C.
2000 *Lo Stato epistemico: la regolazione giuridica della scienza*, in C.M. Mazzoni (a cura di), *Etica della ricerca biologica*, Firenze, Olschki, pp. 91-111.
2003 *Democratizzazione della scienza e brevetti biotecnologici*, in C. Bernasconi, S. Garagna, G. Milano, C.A. Redi e M. Zuccotti (a cura di), *Cellule e genomi*, Pavia, Ibis, pp. 63-84.
2005 *Scienza e democrazia. La scienza destinata a scelte pubbliche*, in F. Guatelli (a cura di), *Scienza e opinione pubblica*, Firenze, Firenze University Press, pp. 173-218.

Testa, G.
2006 *Che cos'è un clone? Pratiche e significato delle biotecnologie mediche in un mondo globale*, in Bucchi e Neresini [2006b].

Thompson, J.B.
1995 *The Media and Modernity. A Social Theory of the Media*, Cambridge, Polity Press; trad. it. *Mezzi di comunicazione e modernità*, Bologna, Il Mulino, 1998.

Tiliacos, N.
2004 *Sulla vita e sulla morte non si può danzare con leggerezza cinica*, in «Il Foglio», 29 settembre.

Touraine, A.
1978 *La voix et le regard*, Paris, Seuil.
1985 *An Introduction to the Study of Social Movements*, in «Social Research», 52, pp. 749-788.

Trench, B.
2006 *The Internet: Transforming the Role of Scientific Experts*, in M. Bucchi e B. Lewenstein (a cura di), *Public Communication of Science and Technology Handbook*, London-New York, Routledge (in corso di pubblicazione).

Turkle, S.
1995 *Life on the Screen. Identity in the Age of the Internet*, New York, Simon & Schuster.

Turner, T.
1992 *Defiant Images: The Kayapo Appropriation of Video*, in «Anthropology Today», 8, 6, pp. 5-16.

Turney, J.
1998 *Frankenstein's Footsteps: Science, Genetics, and Popular Culture*,

New Haven, Conn., Yale University Press; trad. it. *Sulle tracce di Frankenstein*, Torino, Comunità, 2000.

Unctad (United Nations Conference on Trade and Development)
2005 *World Investment Report*, www.unctad.org/wir; www.unctad.org/fdistatistics.

van Kolfschooten, F.
2002 *Can you Believe What You Read?*, in «Nature», 416, pp. 360-363.

Veronesi, U.
2003 *Una camera alta per etica e scienza*, «Corriere della Sera», 19 maggio.

Viale, R.
2003 *Scienza e politica dialogo tra sordi*, in «La Stampa», 6 agosto.

von Hippel, E.
2005 *Democratizing Innovation*, Boston, Mass., Mit Press.

Vos, A.
2003 *Censura preventiva*, in «Internazionale», 28 febbraio, p. 52.

Wachelder, J.
2003 *Democratizing Science: Various Routes and Visions of Dutch Science Shops*, in «Science, Technology & Human Values», 28, 2, pp. 244-273.

Ward, B.
2006 *The Royal Society and the Debate on Climate Change*, in Bauer e Bucchi [2006].

Washburn, J.
2005 *University, inc. The Corporate Corruption of Higher Education*, New York, Basic Books.

Weber, M.
1922 *Gesammelte Aufsätze zur Wissenschaftslehre*, Tübingen, Mohr; trad. it. *Il metodo delle scienze storico-sociali*, Torino, Einaudi, 1958.

Whitley, R.
1985 *Knowledge Producers and Knowledge Acquirers*, in T. Shinn e R. Whitley (a cura di), *Expository Science*, Dordrecht, Reidel, pp. 3-28.

Wildawsky, A.
1979 *Speaking Truth to Power*, Boston, Mass., Little Brown.

Wilkie, T.
1993 *Perilous Knowledge. The Human Genome Project and Its Implications*, London, Faber & Faber; trad. it. *La sfida della conoscenza. Il Progetto Genoma e le sue implicazioni*, Milano, Cortina, 1995.

Wynne, B.
1989 *Sheepfarming after Chernobyl: A Case Study in Communicating Scientific Information*, in «Environment Magazine», 31, 2, pp. 10-39.
1995 *Public Understanding of Science*, in Jasanoff *et al.* [1995, 361-389].
1996 *May the Sheep Safely Graze? A Reflexive View of the Expert-lay Knowledge Divide*, in S. Lash, B. Szerzinsky e B. Wynne (a cura di), *Risk, Environment and Modernity*, London, Sage, pp. 44-83.
2001 *Expert Discourses of Risk and Ethics of Genetically Manipulated Organisms: The Weaving of Public Alienation*, in «Politeia», 17, 62, numero monografico su *Politica della scienza e diritto. Il rapporto tra istituzioni, esperti e pubblico*, pp. 51-75.

Yearley, S.
1992 *Green Ambivalence about Science. Legal-rational Authority and the Scientific Legitimation of a Social Movement*, in «British Journal of Sociology», 43, pp. 511-532.
1995 *The Environmental Challenge to Science Studies*, in Jasanoff *et al.* [1995, 361-389].

Ziman, J.
2000 *Real Science. What It Is, and What It Means*, Cambridge, Cambridge University Press; trad. it. *La vera scienza*, Bari, Dedalo, 2002.

北京大学出版社教育出版中心

部分重点图书

一、北大高等教育文库·学术规范与研究方法丛书

如何成为优秀的研究生（英文影印版）	［美］戴尔·F. 布鲁姆等 著
如何撰写与发表社会科学论文：国际刊物指南（第二版）	蔡今中 著
科技论文写作快速入门	［瑞典］比约·古斯塔维 著
给研究生的学术建议	［英］戈登·鲁格 玛丽安·彼得 著
如何为学术刊物撰稿：写作技能与规范（英文影印版）	［英］罗薇娜·莫瑞 著
如何撰写和发表科技论文（英文影印版）	［美］罗伯特·戴 巴巴拉·盖斯特尔 著
社会科学研究的基本规则	［英］朱迪思·贝尔 著
如何查找文献	［英］莎莉·拉姆奇 著
如何写好科研项目申请书	［美］安德鲁·弗里德兰德 卡罗尔·弗尔特 著
高等教育研究：进展与方法	［美］马尔科姆·泰特 著
教育研究方法：实用指南	［美］乔伊斯·P. 高尔等 著
社会研究：问题、方法与过程	［英］迪姆·梅 著
跨学科研究：理论与实践	［美］艾伦·瑞普克 著
社会科学研究方法100问	［美］尼尔·萨尔金德 著
如何利用互联网做研究	［爱尔兰］尼奥·欧·杜恰泰 著
如何成为学术论文写作高手 ——针对华人作者的18周技能强化训练	［美］史蒂夫·华莱士 著
参加国际学术会议必须要做的那些事 ——给华人作者的特别忠告	［美］史蒂夫·华莱士 著

二、科学元典丛书

天体运行论	［波兰］哥白尼 著
关于托勒密和哥白尼两大世界体系的对话	［意］伽利略 著
心血运动论	［英］哈维 著
笛卡儿几何（附《方法论》《探求真理的指导原则》）	［法］笛卡儿 著
自然哲学之数学原理	［英］牛顿 著
牛顿光学	［英］牛顿 著
惠更斯光论（附《惠更斯评传》）	［荷兰］惠更斯 著
怀疑的化学家	［英］波义耳 著
化学哲学新体系	［英］道尔顿 著
化学基础论	［法］拉瓦锡 著
海陆的起源	［德］魏格纳 著
物种起源（增订版）	［英］达尔文 著

人类在自然界的位置（全译本）	[英] 赫胥黎 著
进化论与伦理学（全译本）（附《天演论》）	[英] 赫胥黎 著
热的解析理论	[法] 傅立叶 著
狭义与广义相对论浅说	[美] 爱因斯坦 著
薛定谔讲演录	[奥地利] 薛定谔 著
基因论	[美] 摩尔根 著
从存在到演化	[比利时] 普里戈金 著
地质学原理	[英] 莱伊尔 著
人类的由来及性选择	[英] 达尔文 著
人类和动物的表情	[英] 达尔文 著
条件反射——动物高级神经活动	[俄] 巴甫洛夫 著
大脑两半球机能讲义	[俄] 巴甫洛夫 著
计算机与人脑	[美] 冯·诺伊曼 著
希尔伯特几何基础	[德] 希尔伯特 著
电磁通论	[英] 麦克斯韦 著
居里夫人文选	[法] 玛丽·居里 著
李比希文选	[德] 李比希 著
关于两门新科学的交谈	[意大利] 伽利略 著
世界的和谐	[德] 开普勒 著
人有人的用处——控制论与社会	[美] 维纳 著
人类与动物心理学讲义	[德] 冯特 著
行为主义	[美] 华生 著
心理学原理	[美] 詹姆斯 著
玻尔文选	[丹麦] 玻尔 著
遗传学经典文选	[奥地利] 孟德尔等 著
德布罗意文选	[法] 德布罗意 著
相对论的意义	[美] 爱因斯坦 著

三、其他好书

向史上最伟大的导师学习	[美] 罗纳德·格罗斯 著
大学章程（精装本五卷七册）	张国有 主编
教育技术：定义与评析	[美] 艾伦·贾纳斯泽乌斯基等 著
未来的学校：变革的目标与路径	[英] 路易斯·斯托尔等 著
美国大学的通识教育：美国心灵的攀登	黄坤锦 著
中国博士质量报告	中国博士质量分析课题组 著
博士质量：概念、评价与趋势	陈洪捷等 著
中国博士发展状况	蔡学军 范巍等 著
教学的魅力：北大名师谈教学（第一辑）	郭九苓 编著
科研道德：倡导负责行为	美国医学科学院、美国科学三院国家科研委员会 撰
国立西南联合大学校史（修订版）	西南联合大学北京校友会 编
我读天下无字书	丁学良 著
大学与学术	韩水法 著
大学何为	陈平原 著
科学的旅程	[美] 雷·斯潘根贝格 著 [美] 黛安娜·莫泽 著